电力监控系统网络安全作业指导手册

贺建伟　王齐　郑铁军／著

中国纺织出版社有限公司

图书在版编目（CIP）数据

电力监控系统网络安全作业指导手册 / 贺建伟，王齐，郑铁军著. --北京：中国纺织出版社有限公司，2022.12

ISBN 978-7-5229-0286-9

Ⅰ.①电… Ⅱ.①贺… ②王… ③郑… Ⅲ.①电力监控系统－安全防护－手册 Ⅳ.①TM73-62

中国版本图书馆CIP数据核字（2022）第251385号

责任编辑：郭 婷　　责任校对：高 涵　　责任印制：储志伟

中国纺织出版社有限公司出版发行
地址：北京市朝阳区百子湾东里A407号楼　邮政编码：100124
销售电话：010—67004422　传真：010—87155801
http://www.c-textilep.com
中国纺织出版社天猫旗舰店
官方微博 http://weibo.com/2119887771
三河市宏盛印务有限公司印刷　各地新华书店经销
2022年12月第1版第1次印刷
开本：787×1092　1/16　印张：12.25
字数：230千字　定价：65.00元

本书编委会

主编：

贺建伟　王　齐　郑铁军

编写人员（排名不分先后）：

彭嘉宁　张宏杰　施佳锋　刘　超　王嘉琪　耿宁林　周　卓　寇　琰
王绍先　詹兆东　李晨程　宋志龙　王二庆　黄　瀛　沈珂伊　闫　星
马　帅　程冀川　王馨竹　潘庆庆　王　斌　马　杰　马骁川　王　淼
石　麒　王飞鹏　徐文斌　王　超　陈文军　杨　浩　季　升　杨　宁
单　睿　马　力　李　辰　王　磊　田　涛　尹　亮　雍少华　任　进
王　鹏　赵银菊　杨　鹏　韩　辉　马文浩　吴一凡　张勇斌　石聪聪
张小建　姚启桂　高　鹏　郭　骞　何　阳　费稼轩　沈　文　高先周
梁　飞　仇慎健　杨如侠　俞庚申　冯　谷　于鹏飞　黄秀丽　翟雨佳
黄伟聪　罗　晨　魏思佳

前 言

电力监控系统是基于计算机及网络技术，用于监视和控制电力生产及供应过程的控制系统，它是电力系统的“神经中枢”，其网络安全关系电网运行及电力供应安全，对保障国计民生具有重要意义。电力监控系统点多面广，部署分散；它配备闭环控制功能，实时性高，联动性强；它通常基于私有通信规约，采用大量专用设备，由专业人员运维，具有网络结构稳定、资产对象确定、交互行为规律等特征。电力监控系统网络安全有别于电力系统安全，具有动态性、对抗性、连锁性的特点。电力监控系统网络安全防护也有别于开放的互联网或管理系统，网络攻击样本量少，一旦被破坏影响巨大，攻击链条长、手段隐蔽、防护面大、风险点多，通用防护技术难以适应。

电力监控系统网络安全作业内容包括在线运行监测、告警分析和应急处置，网络安全防护设备运维、开发研制、安全检测，安全信息搜集、安全情报处理和基础设施建设，安全政策研读、攻防技术跟踪、新技术研究及验证和标准规范制定，人员履职培训、技能实操训练和实训平台建设运维等。

电力监控系统网络安全作业人员包含了各级管理监督人员、运行指挥人员、设备运维人员、技术研究人员和研发测试人员等。各类人员在作业过程中难免出现作业标准不统一、作业流程不规范、作业方法和结果不一致等情况，给电力监控系统安全稳定运行带来不同程度的隐患和风险。

本书选取了实际运行工作中覆盖设备类型最广、作业环节最全面及专业性最强的设备运维、系统验收及现场网络安全评估等作业类型，以指导书的形式阐述了电力监控系统网络安全作业的标准化流程、内容及相关标准，介绍了专用检测装备的使用方法。本书可为各类发电、电网、电力用户、科研和电力建设企业在电力监控系统的开发、建设、运行过程中提供参考。

本书编写人员多年从事电力监控系统及其产品的研发、管理和运维工作，具有丰富的工作经验，在深入总结工作实践经验的基础上，精心编写了本书。本书在写作过程中得到了国网宁夏电力公司和国网智能电网研究院有限公司两家单位领导和同事的指导、帮助，在此表示感谢！

著者

2022 年 11 月

目 录

第1章　电力监控系统网络安全防护设备配置规范

根据国家、行业对电力监控系统网络安全防护设备配置规范化、标准化、常态化管理要求，结合实际工作经验，本规范针对电力监控系统常用的各类通用及专用网络安全防护设备的参数、策略、管理等配置项目提出了明确细致的要求，旨在规范各类电力监控系统主站、变电站、发电厂网络安全防护设备配置方法，有效发挥网络安全防护设备在防范黑客攻击、抵御网络风险中的作用。

1.1 相关术语及定义

1.1.1 电力监控系统

电力监控系统是用于监视和控制电力生产和供应过程的、基于计算机及网络技术的业务系统及智能设备，以及作为基础支撑的通信及数据网络等。

1.1.2 网络安全防护设备

网络安全防护设备是网络边界防护和网络安全事件监视的重要工具。主要包括横向隔离装置、纵向加密认证装置、防火墙、网络安全监测装置、安全日志审计装置、防病毒网关和入侵检测装置等设备。

1.1.3 安全区

电力监控系统按照计算机和网络技术的业务系统，分为生产控制大区和管理信息大区。生产控制大区分为控制区（安全Ⅰ区）和非控制区（安全Ⅱ区），管理信息大区为安全Ⅲ区。

1.1.4 横向隔离装置

横向隔离装置是连接两个独立服务器系统的信息安全防护设备，通过安全协议来确保两个链路层断开的网络能够实现数据信息在可信网络环境中进行交互、共享。

1.1.5 纵向加密认证装置

纵向加密认证装置是具备对称加密算法的硬件设备，在网络的首端与末端，通常部署在各级调度中心及下属的各厂站，网络通信加密，保证数据传输的保密性、安全性、可靠性。

1.1.6　防火墙

防火墙是一个由计算机硬件和软件组成的系统，部署于网络边界，是内部网络和外部网络之前的连接桥梁，同时对进出网络边界的数据进行保护，防止恶意入侵、恶意代码的传播等，保障内部网络数据的安全。

1.1.7　网络安全监测装置

将抽象的网络和系统数据进行可视化呈现，从而对网络中的服务器、安全防护设备、网络设备、应用系统、操作系统等整体环境进行安全状态监测，帮助用户快速掌握网络状况，识别网络异常、入侵，把握网络安全事件发展趋势，感知网络安全态势。

1.1.8　安全日志审计装置

安全日志审计装置是用于全面收集企业信息系统中常见的安全防护设备、网络设备、数据库、服务器、应用系统、服务器等设备所产生的日志（包括运行、告警、操作、消息、状态等）并进行存储、监控、审计、分析、报警、响应和报告的系统。

1.1.9　防病毒网关

防病毒网关是一种网络设备，用于保护网络内（局域网）进出数据的安全。其功能主要体现在病毒杀除、关键字过滤、阻止垃圾邮件，同时部分设备也具有一定防火墙功能。

1.1.10　入侵检测系统

入侵检测系统（IDS）是一种对网络传输进行即时监视，在发现可疑传输时发出警报或者采取主动反应措施的安全防护设备，IDS 是一种积极主动的安全防护技术。

1.1.11　入侵防御系统

入侵预防系统（IPS）是监视网络或网络设备的网络资料传输行为的计算机网络安全防护设备，能够即时中断、调整或隔离一些不正常或是具有伤害性的网络资料传输行为。

1.1.12　3A认证

3A认证即AAA认证，是网络设备的一种后台服务，是一种用于对网络设备用户进行控制的安全措施。Authentication（认证）：认证强度跟元素有关，用于认证的元素越多越安全，元素包括密码、指纹、证书、视网膜等。Authorization（授权）：授权用户能够使用的命令、资源、信息。Accounting（审计）：包括时间审计与命令审计。

1.1.13　SM2算法

SM2算法是国家密码管理局于2010年12月17日发布的椭圆曲线公钥密码算法。

1.2　通用管理配置规范

1.2.1　口令管理

【安全要求】

应对访问的用户进行身份鉴别，口令复杂度应满足要求并定期更换。应修改默认用户和口令，不得使用缺省口令；口令长度不得小于8位，要求是字母、数字和特殊字符的混合，不得与用户名相同；口令应定期更换，更换时间不超过90天，禁止明文存储。

【配置要求】

● 登录方式为用户名+口令认证，具备多因子身份鉴别的设备应使用用户名+口令+USBKey（指纹等）认证。使用的USBkey应由所属调度单位签发，由设备运行维护人员负责保管，使用前应登记；

● 禁用缺省用户名和口令（不能禁用的应更改）；

● 口令长度不得小于8个字符，且由大写字母、小写字母、数字和特殊字符中的三类字符混合组成，口令不得与用户名相同；

- 口令应至多 90 天定期更换，不应与历史口令相同；
- 设备自身禁止口令明文存储，使用第三方介质存储口令应加密存储。

1.2.2　账户管理

【安全要求】

禁用超级管理账号及默认账户，设置“三权分立”账号，实现系统管理、网络管理、安全审计等设备特权用户，系统管理员负责创建权限对象包括操作权限、角色、用户等，安全管理员负责关联权限对象，审计管理员负责管理系统中的审计信息。

【配置要求】

- 禁用超级管理账号、默认账号；
- 配置“三权分立”账号，实现系统管理、网络管理、安全审计用户的权限分离，至少配置管理员、审计员两种用户。

1.2.3　本地管理

【安全要求】

对于通过本地 console 口进行维护的设备，应采用用户名 + 口令方式进行认证，console 口登录后超过 5 分钟无动作应自动退出。

【配置要求】

开启 3A 认证。

1.2.4　远程管理

【安全要求】

对于使用 IP 协议进行远程维护的设备，应使用 SSH 或 HTTPS 等安全传输协议实施远程管理，提高设备管理安全性，远程登录超过 5 分钟无动作应自动退出。

【配置要求】

控制区配置 SSH 协议，非控制区配置 SSH 或 HTTPS 协议。

1.2.5 运行可靠性

【安全要求】

配备双路冗余电源，并定期离线备份配置文件。

【配置要求】

- 配备双路冗余电源；
- 配置文件备份周期不大于90天，且备份应离线保存。

1.3 防火墙配置规范

【部署要求】

须在电力监控系统跨安全区域之间及区域边界部署防火墙，同一安全区内存在多个业务系统时，可共用防火墙或独立部署防火墙。

【基本配置要求】

- 网络接口：使用三层路由或交换模式，设置静态IP地址，禁止使用二层交换模式；
- 安全域：将级别较高安全区配置为受信区域，其他区依次配置为非受信区域；
- IP地址：配置源、目的IP地址，只开放业务应用所需IP地址；
- MAC地址：业务IP地址与设备物理MAC地址一一对应绑定，包括管理口；
- 端口：配置源、目的端口，只开放业务应用端口，且业务应用端口应禁用20、21、23、80、135、137、138、139、445等非安全通用网络服务端口，对于端口随机变动的可限定端口范围，端口范围应在1024~65535；
- 服务：仅开放TCP、ICMP、NTP、V2版本及以上SNMP服务，禁止开放FTP、DHCP、Telnet、DNS、RSH、Rlogin、SMTP等非安全通用网络服务；
- 转发策略：配置业务相关策略，根据业务需求结合IP地址、端口及服务等配置匹配业务需求的策略控制数据流，禁用Default转发策略；
- 设备时间：设置为北京时区，并采用NTP服务与所在安全区时钟服务器或时间同步装置保持一致；

● 日志配置：配置日志服务器即网络安全监测装置地址、端口（514），日志应保存不少于 6 个月。

【安全防护要求】

● 配置系统管理员、安全管理员、审计员三权分立账户，删除或禁用其他默认账户；

● 配置登录失败策略，失败 5 次锁定 10 分钟；

● 配置账号登录超时功能，账号登录后超过 5 分钟无操作自动退出；

● 使用加密的 HTTPS、SSH 访问管理，禁止使用不安全的 HTTP、Telnet 访问管理；

● 在系统全局配置下，禁用 DHCP、DNS、FTP、SMTP 等非安全通用网络服务；

● 关闭或停用不使用的网络端口；

● 启用 IP 白名单策略，禁止非业务应用 IP 地址通过；

● 添加管理员 IP 地址，仅允许信任 IP 地址登录；

● 安全Ⅰ区与Ⅱ区之间的防火墙采用 syslog 协议将日志转发至网络安全监测装置。

【维护管理】

设备退运后，需清空相关配置信息及日志信息后统一交国家保密行政管理部门指定的涉密载体销毁地点统一做销毁报废处理。

1.4　电力专用纵向加密认证配置规范

【部署要求】

部署在重点防护的调度中心、发电厂、变电站的生产控制大区与广域网的纵向连接处、并网电厂站控系统与就地终端之间、发电厂与集控中心联接处，实现双向身份认证、数据加密和访问控制。

【基本配置要求】

● 设备证书、操作员证书由所属调度机构签发；

● 配置操作员账户；

● 公钥证书使用 SM2 算法，支持强校验；

● 探测信息需配置为主动探测对端设备（核实其他几种设备）；

● “路由配置”目的网段和掩码必须按照相应数据网 IP 地址分配原则最小化配置，禁止添加非业务 IP 地址；

● 报警输出管理中心地址配置为所属调度机构数据网关机 IP 地址；

● CPU 使用率和内存使用率阈值宜设定为 80，已接入网络安全管理平台的纵向加密装置由平台统一设定阈值；

● 远程管理中心 IP 地址配置为所属调度机构数据网关机 IP 地址，并赋予设置权限；

● 缺省策略选择“纵向加密认证装置隧道策略未配置时默认丢弃所有数据”。

【安全防护要求】

● 隧道配置为密通模式，禁止使用明通、选择性加密、丢弃等模式，禁止配置与现场业务通信无关的隧道；

● 限制源、目的地址，仅配置业务 IP 地址；

● 限制源、目的端口，仅开放业务需求端口，对于端口随机变动的可限定端口范围为 1024~65535；

● 仅开放 TCP、ICMP 通信协议；

● 在创建账号时配置账号登录失败策略，登录失败 5 次锁定 10 分钟。

【维护管理】

● 按照告警信息等级及时处理告警；

● 设备退运后，需清空相关配置信息及日志信息后统一交国家保密行政管理部门指定的涉密载体销毁地点统一做销毁报废处理。

1.5 电力专用横向隔离装置配置规范

【部署要求】

部署在生产控制大区和管理信息大区的边界处、生产控制大区和设备厂商边界处、通过运营商专用网络或 VPN 通道传输数据的生产控制大区出口处，实现两个安全区之间非网络方式的数据交换，保证网络安全隔离装置内、外系统不同时通信。

【基本配置要求】

设备证书、发送端证书由所属调度机构签发。

【安全防护要求】

- 在创建账号时配置账号登录失败策略，最大登录次数为 5 次；
- 限制源、目的地址，仅配置业务 IP 地址；
- 限制源、目的端口，仅开放业务需求端口，对于端口随机变动的可限定端口范围为 1024~65535；
- 仅开放 TCP（仅正向隔离装置）、UDP 通信协议；
- 绑定 IP 与 MAC 地址，禁止非业务 IP 通过；
- 反向隔离装置使用 SM2 算法，禁止使用 RSA 算法；
- 反向隔离只能发送满足 E 语言规范文本文件；
- 采用 syslog 协议将日志转发至网络安全监测装置；配置日志服务器即网络安全监测装置地址、端口（514），日志应保存不少于 6 个月。

【维护管理】

设备退运后，须清空相关配置信息及日志信息后统一交国家保密行政管理部门指定的涉密载体销毁地点统一做销毁报废处理。

1.6　网络安全监测装置配置规范

【部署要求】

部署在电力监控系统调度机构、变电站及发电厂涉网的生产控制大区，主要实现对监管对象的数据采集、安全事件分析处理、实时通信、服务代理、本地管理。

【基本配置要求】

- “网卡配置”或“接口配置”掩码地址按照最小化原则配置，未使用网卡禁止配置 IP 地址；
- “路由配置”目的网段和掩码必须按照相应数据网 IP 地址分配原则最小化配置，仅添加所属调度机构网络安全管理平台地址；
- 设置为北京时区，并采用 B 码对时或网络对时，与所属安全区时钟服务器、时间同步装置或网络安全管理平台服务器保持同步；

● 信息事件通过双接入网上送所属调度机构网络安全管理平台；

● CPU 利用率、内存使用率、磁盘空间使用率、网口流量等上限阈值为 80%；

● 归并事件归并周期默认值 60 秒；

● 历史事件上报分界时间参数默认值 30 秒。

【安全防护要求】

● 本机网络连接白名单源或目标地址为本机 IP 地址；

● 网络连接白名单中只允许配置与本机业务正常通信的业务地址；

● 服务端口白名单中只允许配置与本机业务正常调用的服务端口，对于端口随机变动的可限定端口范围为 1024~65535；

● 在创建账号时配置账号登录失败策略，失败 5 次锁定 10 分钟；

● 危险操作定义配置中需添加 rm、reboot、shutdown、init、restart、kill、pkill、poweroff、format、delete、mv、regedit.msc 等危险操作命令；

● 关键文件 / 目录清单配置中操作系统关键目录为应用软件所在的 /lib/、/lib64/、/bin/、/etc/、/Windows/、/program Files/ 操作系统超级用户目录为 /root/ 或 /sysadm/；

● 光驱设备、非法端口检测周期时间小于 120 秒；

● 日志信息上送所属调度机构网络安全管理平台，日志应保存不少于 6 个月。

【维护管理】

● 定期查看维护设备基本信息，如内存使用率、CPU 使用率、网口状态、电源状态、在线离线状态等运行信息；

● 设备退运后，须清空相关配置信息及日志信息后统一交国家保密行政管理部门指定的涉密载体销毁地点统一做销毁报废处理。

1.7 安全日志审计装置配置规范

【部署要求】

部署在电力监控系统安全Ⅰ、Ⅱ、Ⅲ区，可以对网络运行日志、操作系统运行日志、数据库重要操作日志、业务应用系统运行日志、安全设施运行日志等进行集中收

集、自动分析，及时发现各种违规行为以及病毒和黑客的攻击行为。

【基本配置要求】

● 网络接口：使用三层路由模式，设置静态 IP 地址，严禁使用二层交换模式；

● IP 地址：配置源、目的 IP 地址，只开放业务应用所需 IP 地址；

● MAC 地址：将各网络接口分配的 IP 地址与物理设备 MAC 地址一一对应绑定，包括管理口；

● 端口：配置源、目的端口，只开放业务应用端口，对于端口随机变动的可限定端口范围，端口范围应在 1024~65535，禁止开放 20、21、23、80、135、137、138、139、445 等高危端口；

● 服务：仅开放 TCP、ICMP、NTP、V2 版本及以上 SNMP 服务，禁止开放 FTP、DHCP、Telnet、DNS、RSH、Rlogin、SMTP 等非安全通用网络服务；

● 设备时间：设置为北京时区，并采用 NTP 服务与所属安全区时钟服务器或时间同步装置保持同步。

【安全防护要求】

● 配置系统管理员、安全管理员、审计员三权分立账户，删除或禁用其他默认账户；

● 在创建账号时配置账号登录失败策略，失败 5 次锁定 10 分钟；

● 配置账号登录超时功能，账号登录后超过 5 分钟无操作自动退出；

● 使用加密的 HTTPS、SSH 访问管理，禁止使用不安全的 HTTP、Telnet 访问管理；

● 在系统全局配置下，禁用 DHCP、DNS、FTP、Email 等通用服务；

● 关闭或停用不使用的物理端口；

● 启用 IP 白名单策略，禁止非业务应用 IP 地址通过；

● 添加管理员 IP 地址，仅允许信任 IP 地址登录；

● 采用 syslog 协议将日志转发至网络安全监测装置；配置日志服务器即网络安全监测装置地址、端口（514），日志应保存不少于 6 个月。

【维护管理】

● 定期每季度离线升级软件版本；

● 定期备份日志审计相关日志、事件；

● 接入所属安全区所有设备；

● 及时处理异常告警及事件，并将事件原因及处理方法添加至知识库中；

● 定期查看维护设备基本信息，如内存使用率、CPU 使用率、网口状态、电源状态、在线离线状态等运行信息；

● 设备退运后，须清空相关配置信息及日志信息后统一交国家保密行政管理部门指定的涉密载体销毁地点统一做销毁报废处理。

1.8　入侵检测系统与入侵防御系统配置规范

【部署要求】

入侵检测系统部署在电力监控系统安全Ⅰ区（控制区）、Ⅱ区（非控制区）区及安全Ⅲ区（管理信息大区）的横向网络边界上，通过交换机镜像端口获得对目标流量的复制，进行攻击检测、内容恢复和应用审计等深层检测作业。

入侵防御系统部署在电力监控系统与外部网络连接主干链路上，通过监视网络或网络设备的网络资料传输行为，对不正常或是具有伤害性的网络资料传输行为进行即时中断、调整或隔离。

【基本配置要求】

● 网络接口：使用三层路由模式，设置静态 IP 地址，严禁使用二层交换模式；

● IP 地址：配置源、目的 IP 地址，只开放业务应用所需 IP 地址；

● MAC 地址：将各网络接口分配的 IP 地址与物理设备 MAC 地址一一对应绑定，包括管理口；

● 端口：配置源、目的端口，只开放业务应用端口，对于端口随机变动的可限定端口范围，端口范围应在 1024~65535，禁止开放 20、21、23、80、135、137、138、139、445 等高危端口；

● 服务：仅开放 TCP、ICMP、NTP、V2 版本及以上 SNMP 服务，禁止开放 FTP、DHCP、Telnet、DNS、RSH、Rlogin、SMTP 等非安全通用网络服务；

● 转发策略：配置业务相关策略，根据业务需求结合 IP 地址、端口及服务等配置双向策略控制数据流，禁用 Defalt 转发策略；

● 设备时间：设置为北京时区，并采用 NTP 服务与所属安全区时钟服务器或时间同步装置保持同步；

● 日志配置：配置日志服务器即网络安全监测装置地址、端口（514），日志应保存不少于 6 个月。

【安全防护要求】

● 配置系统管理员、安全管理员、审计员三权分立账户，删除或禁用其他默认账户；

● 在创建账号时配置账号登录失败策略，失败 5 次锁定 10 分钟；

● 配置账号登录超时功能，账号登录后超过 5 分钟无操作自动退出；

● 使用加密的 HTTPS、SSH 访问管理，禁止使用不安全的 HTTP、Telnet 访问管理；

● 在系统全局配置下，禁用 DHCP、DNS、FTP、Email 等通用服务；

● 关闭或停用不使用的物理端口；

● 采用镜像模式旁路部署，禁止使用透明桥接等模式；

● 启用 IP 白名单策略，禁止非业务应用 IP 地址通过；

● 添加管理员 IP 地址，仅允许信任 IP 地址登录；

● 采用 syslog 协议将日志转发至网络安全监测装置；配置日志服务器即网络安全监测装置地址、端口（514），日志应保存不少于 6 个月。

【维护管理】

● 每季度离线升级特征库及设备软件版本；

● 及时处理异常告警及事件，并将事件原因及处理方法添加至知识库中；

● 定期查看维护设备基本信息，如内存使用率、CPU 使用率、网口状态、电源状态、在线离线状态等运行信息；

● 设备退运后，须清空相关配置信息及日志信息后统一交国家保密行政管理部门指定的涉密载体销毁地点统一做销毁报废处理。

1.9　防病毒网关配置规范

【部署要求】

部署在电力监控系统安全Ⅰ、Ⅱ、Ⅲ区网络中。

【基本配置要求】

● 网络接口：使用三层路由模式，设置静态 IP 地址，严禁使用二层交换模式；

● IP 地址：配置源、目的 IP 地址，只开放业务应用所需 IP 地址；

● 端口：配置源、目的端口，只开放业务应用端口，对于端口随机变动的可限定端口范围，端口范围应在 1024~65535，禁止开放 20、21、23、80、135、137、138、139、445 等高危端口；

● MAC 地址：将各网络接口分配的 IP 地址与物理设备 MAC 地址一一对应绑定，包括管理口；

● 服务：仅开放 TCP、ICMP、NTP、V2 版本及以上 SNMP 服务，禁止开放 FTP、DHCP、Telnet、DNS、RSH、Rlogin、SMTP 等非安全通用网络服务；

● 设备时间：设置为北京时区，并采用 NTP 服务与所属安全区时钟服务器或时间同步装置保持同步；

● 日志配置：配置日志服务器即网络安全监测装置地址、端口（514），日志应保存不少于 6 个月。

【安全防护要求】

● 配置系统管理员、安全管理员、审计员三权分立账户，删除或禁用其他默认账户；

● 配置登录失败策略，失败 5 次锁定 10 分钟；

● 使用加密的 HTTPS、SSH 访问管理，禁止使用不安全的 HTTP、Telnet 访问管理；

● 启用 IP 白名单策略，禁止非业务应用 IP 地址通过；

● 采用 syslog 协议将日志转发至网络安全监测装置；配置日志服务器即网络安全监测装置地址、端口（514），日志应保存不少于 6 个月。

【维护管理】

● 每季度离线升级病毒库、特征库及设备软件版本；

● 及时处理异常告警及事件，并将事件原因及处理方法添加至知识库中；

● 定期查看维护设备基本信息，如内存使用率、CPU 使用率、网口状态、电源状态、在线离线状态等运行信息；

● 设备退运后，须清空相关配置信息及日志信息后统一交国家保密行政管理部门指定的涉密载体销毁地点统一做销毁报废处理。

第2章　电力监控系统网络安全防护运维作业标准化指导书

电力监控系统网络安全防护运维作业标准化指导书对落实国家、行业有关法律和法规要求，规范电力监控系统网络安全防护运维工作的现场标准化作业流程，加强现场作业过程标准化管控，防范因违规操作引发各类安全风险起到显著的作用。本指导书针对不同运维作业类型，通过表格形式对作业人员、作业前准备、作业过程管控、作业评价和归档及二次安全措施票等提出了标准化要求，可供各调度主站、变电站、发电厂在实际运维工作时参考应用。

2.1 调度主站业务系统运维作业指导书

一、作业内容：调度主站业务系统运维　　　编号：________

调试设备名称	调度主站业务系统

二、作业前准备

序号	准备工作	内容	完成情况
1	资料准备	(1) 编制本指导书。	
		(2) 办理工作票。	
		(3) 办理 OMS 检修票。	
		(4) 准备作业相关资料（包括相关文件和加固手册电子版）。	
2	耗材准备	根据检验项目，确定所需的备品备件与材料（见附件 1）。	
3	工器具与仪器仪表	包括专用工具、常规工器具、仪器仪表、电源设施等（见附件 1）。	
4	工作组织措施	作业组织有序。现场工作承载力可控，作业人数合理，人员精神状态良好，技能水平、准入资质满足要求（见附件 2）。	
5	工作安全措施	(1) 在开展调度主站业务系统加固前，检查系统运行状态正常。	
		(2) 在冗余系统（双 / 多机、双 / 多节点、双 / 多通道或双 / 多电源）中将检修设备切换成非主用状态时，确认其余服务器、节点、通道或电源正常运行。	
6	工作技术措施	检查工作票内授权、备份、验证等措施是否完备。	
7	危险点分析	(1) 数据丢失：开展加固工作前应做好数据备份。	
		(2) 误告警：应预先向主站申请网安平台检修挂牌。	
		(3) 误配置：规范执行操作系统、业务系统、数据库安装调试手册，结合作业现场实际修改设备配置参数，确保业务系统运行正常。	

三、签名确认

确认签名	工作负责人	工作班成员

四、作业过程控制

序号	作业项目和工序	内容及工艺标准	完成情况
1	工作许可	工作票号：	
		安全交底：	
2	现场安措实施	(1) 工作前向自动化及网络安全联合值班人员申请需停用或置牌设备，并征得同意。	
		(2) 确认使用授权账号。	
		(3) 检查调试计算机及移动存储介质是否专用，确认调试计算机未接入外网。	
		(4) 如需升级操作系统版本，提前确认其兼容性及对业务系统的影响。	
		(5) 备份可能受到影响的程序、配置文件、运行参数、运行数据和日志文件等。	
3	检修作业实施	(1) 根据主站业务系统加固调试手册（见附件 3），在备用设备上开展系统加固工作，并经测试无误。	
		(2) 核对主备机参数一致性后，在主用设备上开展系统加固工作。	
		(3) 精益化整改：标签完善，网线整理，网口、USB 口封堵。	
4	业务验证	确认系统是否运行正常。	

五、作业结束阶段

序号	内容	注意事项	完成情况
1	清扫现场	现场清扫干净，无遗留物。	
2	OMS 系统终结流程	OMS 系统终结流程结票。	
3	填写工作记录	主站业务系统负责人签字确认。	
4	申请网安平台摘牌	向主站申请网安平台检修摘牌，并告知工作已结束。	
5	结束工作票	办理工作票结束手续，结束工作，人员撤离。	

六、执行评价

序号	遗留缺陷	工作负责人签名
1		
2		

附件 1：

备品备件与材料

序号	名称	型号及规格	单位	数量	备注
1	绝缘胶布	红、黄、黑色等	卷		
2	调试网线		根		
3	软线		卷		
4	空开		个		
5	套管		卷		
6	常规标签色带		卷		
7	光纤标签色带		卷		
8	网口塞		包		
9	USB 口塞		包		
10	线手套		双		

工器具与仪器仪表

序号	名称	规格	单位	数量	备注
1	工具箱（包）		套		
2	数字式万用表		块		
3	调试笔记本电脑	操作系统经过加固的专用笔记本电脑	台		
4	电源插座、单相三线装有漏电保护器的电缆盘		个		
5	移动式电源		台		
6	网线测试仪		个		
7	漏扫装置		台		
8	打号机		个		

续表

序号	名称	规格	单位	数量	备注
9	标签机		个		

附件 2：

劳动组织和人员要求

劳动组织			
序号	人员类别	职责	作业人数
1	工作负责人	(1) 正确组织工作。 (2) 检查工作票所列安全措施是否正确完备，是否符合现场实际条件。 (3) 工作前，对工作班人员进行工作任务、安全措施和风险点告知，并确认每个工作班成员都已签名。 (4) 执行由其负责的安全措施。 (5) 关注工作班人员身体状况和精神状态是否正常，人员变动是否合适。 (6) 确定需监护的作业内容，并确保监护执行到位。	1
2	工作班成员	(1) 熟悉工作内容、工作流程，掌握安全措施，明确工作中的风险点，并在工作票上履行交底签名确认手续。 (2) 服从工作负责人的指挥，严格遵守本规程和劳动纪律，在确定的作业范围内工作，对自己在工作中的行为负责，互相关心工作安全。 (3) 执行由其负责的安全措施。 (4) 正确使用施工器具、调试计算机（或其他专用设备）、存储介质、软件工具等。	按需

人员要求	
序号	内容
1	经医师鉴定，作业人员应无妨碍工作的病症。
2	作业人员应具备必要的电力监控系统专业知识，掌握电力监控系统专业工作技能，按工作性质，熟悉本规程，并经考试合格。
3	参与公司系统所承担电力监控系统工作的外来工作人员应熟悉本规程，经考试合格、准入资格审核通过，并经电力监控系统运维单位（部门）认可，保密协议签订后，方可参加工作。
4	新参加工作的人员、实习人员和临时参加工作的人员（管理人员、非全日制用工等），应经过电力监控系统安全知识教育后，方可参加指定的工作。
5	作业人员应被告知其作业现场和工作岗位存在的安全风险、安全注意事项、事故防范及紧急处理措施。

续表

人员要求	
序号	内容
6	生产现场作业“十不干”： (1) 无票的不干。 (2) 工作任务、危险点不清楚的不干。 (3) 危险点控制措施未落实的不干。 (4) 超出作业范围未经审批的不干。 (5) 未在接地保护范围内的不干。 (6) 现场安全措施布置不到位) 安全工器具不合格的不干。 (7) 杆塔根部) 基础和拉线不牢固的不干。 (8) 高处作业防坠落措施不完善的不干。 (9) 有限空间内气体含量未经检测或检测不合格的不干。 (10) 工作负责人 (专责监护人) 不在现场的不干。
7	“十大安全理念”： (1) 安全是企业的生命线。 (2) 发展决不能以牺牲安全为代价。 (3) 全员履责尽责，安全共治共享。 (4) 企业必须为员工提供安全的工作条件。 (5) 安全是管理者的首要责任。 (6) 谁主管、谁负责，管业务必须管安全。 (7) 一切风险皆可控制，一切事故皆可避免。 (8) 违章是事故的根源，遵章是安全的起点。 (9) 标准化作业应成为员工的基本操守。 (10) 安全培训合格是员工入职上岗的首要条件。

附件 3：

主站业务系统加固运维项目列表

序号	加固类别	加固项目	完成情况	备注
1	配置管理	用户策略		
2		身份鉴别		
3		桌面配置		
4		安全内核模块		
5		服务器配置		
6		特权账户控制		
7		操作权限		
8		实时数据库修改权限		

续表

序号	加固类别	加固项目	完成情况	备注
9	配置管理	口令管理		
10		用户双因子认证		
11		登录控制		
12		监控责任区		
13		控制功能		
14	网络管理	防火墙功能		
15		网络服务管理		
16	接入管理	外设接口		
17		自动播放		
18		远程登录		

2.2　调度主站数据库系统运维作业指导书

一、作业内容：调度主站数据库系统运维　　编号：____________

调试设备名称	调度主站数据库

二、作业前准备

序号	准备工作	内容	完成情况
1	资料准备	(1) 办理 OMS 检修票。	
		(2) 编制本指导书。	
		(3) 准备作业相关资料（包括相关文件和加固手册电子版）。	
		(4) 办理工作票。	
2	耗材准备	根据检验项目，确定所需的备品备件与材料（见附件 1）。	
3	工器具与仪器仪表	包括专用工具、常规工器具、仪器仪表、电源设施等（见附件 1）。	

续表

序号	准备工作	内容	完成情况
4	工作组织措施	作业组织有序。现场工作承载力可控，作业人数合理，人员精神状态良好，技能水平、准入资质满足要求（见附件2）。	
5	工作安全措施	（1）在开展数据库加固工作前，验证数据库功能运行正常。	
		（2）数据库版本升级前应测试数据库与操作系统和业务系统间的兼容性。	
		（3）停运或重启数据库前，应确认所承载的业务已停用或已转移。	
6	工作技术措施	检查工作票内授权、备份、验证等措施是否完备。	
7	危险点分析	（1）数据丢失：开展加固工作前应做好数据备份。	
		（2）误告警：应预先向主站申请网安平台检修挂牌。	
		（3）误配置：规范执行操作系统、业务系统、数据库安装调试手册，结合作业现场实际修改设备配置参数，确保业务系统运行正常。	

三、签名确认

确认签名	工作负责人	工作班成员

四、作业过程控制

序号	作业项目和工序	内容及工艺标准	完成情况
1	工作许可	工作票号：	
		安全交底：	
2	现场安措实施	（1）工作前向自动化及网络安联合值班人员申请需停用或置牌设备，并征得同意。	
		（2）确认使用授权账号。	
		（3）检查调试计算机及移动存储介质是否专用，确认调试计算机未接入外网。	
		（4）如需升级操作系统版本，提前确认其兼容性及对业务系统的影响。	
		（5）备份可能受到影响的程序、配置文件、运行参数、运行数据和日志文件等。	

续表

序号	作业项目和工序	内容及工艺标准	完成情况
3	检修作业实施	(1) 根据主站业务系统加固调试手册（见附件 3），在备用设备上开展系统加固工作，并经测试无误。	
		(2) 核对主备机参数一致性后，在主用设备上开展系统加固工作。	
		(3) 精益化整改：标签、网线、网口、USB 口封堵。	
4	业务验证	确认数据库运行正常，相关的业务系统运行正常。	

五、作业结束阶段

序号	内容	注意事项	完成情况
1	清扫现场	现场清扫干净，无遗留物。	
2	OMS 系统终结流程	OMS 系统终结流程结票。	
3	填写工作记录	数据库负责人签字确认。	
4	申请网安平台摘牌	向主站申请网安平台检修摘牌，并告知工作已结束。	
5	结束工作票	办理工作票结束手续，结束工作，人员撤离。	

六、执行评价

序号	遗留缺陷	工作负责人签名
1		
2		

附件 1：

备品备件与材料

序号	名称	型号及规格	单位	数量	备注
1	绝缘胶布	红、黄、黑色等	卷		
2	调试网线		根		
3	软线		卷		
4	空开		个		
5	套管		卷		
6	常规标签色带		卷		

续表

序号	名称	型号及规格	单位	数量	备注
7	光纤标签色带		卷		
8	网口塞		包		
9	USB 口塞		包		
10	线手套		双		

工器具与仪器仪表

序号	名称	规格	单位	数量	备注
1	工具箱（包）		套		
2	数字式万用表		块		
3	调试笔记本电脑	操作系统经过加固的专用笔记本电脑	台		
4	电源插座、单相三线装有漏电保护器的电缆盘		个		
5	移动式电源		台		
6	网线测试仪		个		
7	漏扫装置		台		
8	打号机		个		
9	标签机		个		

附件 2：

劳动组织和人员要求

劳动组织			
序号	人员类别	职责	作业人数
1	工作负责人	(1) 正确组织工作。 (2) 检查工作票所列安全措施是否正确完备，是否符合现场实际条件。 (3) 工作前，对工作班人员进行工作任务、安全措施和风险点告知，并确认每个工作班成员都已签名。 (4) 执行由其负责的安全措施。 (5) 关注工作班人员身体状况和精神状态是否正常，人员变动是否合适。 (6) 确定需监护的作业内容，并确保监护执行到位。	1

续表

劳动组织			
序号	人员类别	职责	作业人数
2	工作班成员	(1) 熟悉工作内容、工作流程，掌握安全措施，明确工作中的风险点，并在工作票上履行交底签名确认手续。 (2) 服从工作负责人的指挥，严格遵守本规程和劳动纪律，在确定的作业范围内工作，对自己在工作中的行为负责，成员间互相关心工作安全。 (3) 执行由其负责的安全措施。 (4) 正确使用施工器具、调试计算机（或其他专用设备）、存储介质、软件工具等。	按需

人员要求	
序号	内容
1	经医师鉴定，作业人员应无妨碍工作的病症。
2	作业人员应具备必要的电力监控系统专业知识，掌握电力监控系统专业工作技能，按工作性质，熟悉本规程，并经考试合格。
3	参与公司系统所承担电力监控系统工作的外来工作人员应熟悉本规程，经考试合格，并经电力监控系统运维单位（部门）认可后，方可参加工作。
4	新参加工作的人员、实习人员和临时参加工作的人员（管理人员、非全日制用工等），应经过电力监控系统安全知识教育后，方可参加指定的工作。
5	作业人员应被告知其作业现场和工作岗位存在的安全风险、安全注意事项、事故防范及紧急处理措施。
6	生产现场作业“十不干”： (1) 无票的不干。 (2) 工作任务、危险点不清楚的不干。 (3) 危险点控制措施未落实的不干。 (4) 超出作业范围未经审批的不干。 (5) 未在接地保护范围内的不干。 (6) 现场安全措施布置不到位、安全工器具不合格的不干。 (7) 杆塔根部、基础和拉线不牢固的不干。 (8) 高处作业防坠落措施不完善的不干。 (9) 有限空间内气体含量未经检测或检测不合格的不干。 (10) 工作负责人（专责监护人）不在现场的不干。
7	“十大安全理念”： (1) 安全是企业的生命线。 (2) 发展决不能以牺牲安全为代价。 (3) 全员履责尽责，安全共治共享。 (4) 企业必须为员工提供安全的工作条件。

续表

人员要求	
序号	内容
7	(5) 安全是管理者的首要责任。 (6) 谁主管、谁负责，管业务必须管安全。 (7) 一切风险皆可控制，一切事故皆可避免。 (8) 违章是事故的根源，遵章是安全的起点。 (9) 标准化作业应成为员工的基本操守。 (10) 安全培训合格是员工入职上岗的首要条件。

附件3：

数据库调试项目列表

序号	加固类别	调试项目	完成情况	备注
1	配置管理	用户管理		
2		口令管理		
3		数据库操作权限		
4		数据库访问最大链接数管理		
5		日志管理		
6		文件及程序代码管理		
7		资源限制		
8		访问 IP 限制		
9		数据库备份		

2.3　厂站调度数据网交换机运维作业指导书

一、作业内容：调度数据网交换机运维　　　　编号：__________

调试设备名称	调度数据网交换机

二、作业前准备

序号	准备工作	内容	完成情况
1	资料准备	(1) 办理 OMS 检修票。	
		(2) 编制本指导书。	
		(3) 准备作业相关资料（包括相关文件和加固手册电子版）。	
		(4) 办理工作票。	
2	耗材准备	根据检验项目，确定所需的备品备件与材料（见附件 2）。	
3	工器具与仪器仪表	包括专用工具、常规工器具、仪器仪表、电源设施等（见附件 2）。	
4	工作组织措施	作业组织有序。现场工作承载力可控，作业人数合理，人员精神状态良好，技能水平、准入资质满足要求（见附件 3）。	
5	工作安全措施	(1) 在更换调度数据网交换机工作前，验证变电站冗余的调度数据网交换机承载的业务系统运行正常。	
		(2) 在更换调度数据网交换机工作前，应确认其兼容性及对业务系统的影响。	
6	工作技术措施	编制二次工作安全措施票：①授权；②备份；③验证（见附件 1）。	
7	危险点分析	(1) 数据丢失：工作时应严格二次工作安全措施票执行，做好数据备份。	
		(2) 误发告警信号：工作前预先向主站申请网安系统加密装置检修挂牌。	
		(3) 误配置：规范执行交换机调试手册，结合作业现场实际修改设备配置参数，确保业务系统运行正常。	
		(4) 违规外联：使用经安全加固过的笔记本电脑接入便携式运维安全装置进行调度数据网交换机调试。	
		(5) 通信中断：工作时应严格按照二次工作安全措施票执行，防止接错、漏接线。	

三、签名确认

确认签名	工作负责人	工作班成员

四、作业过程控制

序号	作业项目和工序	内容及工艺标准	完成情况
1	工作许可	工作票号:	
		安全交底:	
2	现场安措实施	执行二次工作安全措施票（见附件1）。	
3	检修作业实施	(1) 新调度数据网交换机上电，检查设备型号、硬件参数、设备运行状况，满足设备更换要求。	
		(2) 根据原调度数据网交换机配置按照最小化原则配置新调度数据网交换机。	
		(3) 依据交换机调试手册，填写交换机调试项目列表（见附件4），完成交换机调试、加固、漏扫工作。	
		(4) 在更换调度数据网交换机工作前，验证变电站冗余的调度数据网交换机承载的业务系统运行正常，向相关业务归口管理单位申请本套数据网临时退出运行。	
		(5) 拆除拟更换调度数据网交换机，安装新配置调度数据网交换机并恢复接线，将调试笔记本电脑接入便携式运维安全装置检查并调试通信。	
		(6) 精益化整改：标签、网线、网口、USB口封堵。	
4	业务验证	验证调度数据网运行正常，数据正确，向相关业务归口管理单位申请本套数据网投入运行。	
5	完成安措执行	完成二次工作安全措施票执行（见附件1）。	

五、作业结束阶段

序号	内容	注意事项	完成情况
1	与自动化人员核对设备状态	核对设备状态及业务数据正常。	
2	清扫现场	现场清扫干净，无遗留物。	
3	OMS系统终结流程	OMS系统终结流程结票。	
4	填写修试记录	请运行人员签字确认。	
5	结束工作票	办理工作票结束手续，结束工作，人员撤离。	

六、执行评价

序号	遗留缺陷	工作负责人签名
1		
2		

附件 1：

二次工作安全措施票

编号：________________

<table>
<tr><td colspan="2">调试设备名称</td><td colspan="4">调度数据网交换机</td></tr>
<tr><td>工作负责人</td><td></td><td>工作时间</td><td>年　月　日</td><td>签发人</td><td></td></tr>
<tr><td colspan="6">工作内容：</td></tr>
<tr><td colspan="6">安全措施：按工作顺序填写安全措施。已执行，在执行栏上打“√”。</td></tr>
<tr><td>序号</td><td colspan="4">安全措施内容</td><td>执行</td></tr>
<tr><td>1</td><td colspan="4">挂牌。向调度主站网络安全管控中心申请变电站加密装置检修挂牌。</td><td></td></tr>
<tr><td>2</td><td colspan="4">授权。工作负责人授予作业人员____________检修账号，具备调度数据网交换机操作员权限开展调度数据网交换机更换及调试工作。</td><td></td></tr>
<tr><td>3</td><td colspan="4">备份。工作开始前备份拟更换调度数据网交换机配置信息。</td><td></td></tr>
<tr><td>4</td><td colspan="4">验证。工作开始前检查冗余设备运行正常、业务数据正常。</td><td></td></tr>
<tr><td>5</td><td colspan="4">验证。工作结束后检查更换设备运行正常、业务数据正常、调度数据网运行正常。</td><td></td></tr>
<tr><td>6</td><td colspan="4">备份。工作结束后备份更换调度数据网交换机设备配置信息。</td><td></td></tr>
<tr><td>7</td><td colspan="4">摘牌。向主站网络安全管控中心申请变电站加密装置检修摘牌。</td><td></td></tr>
<tr><td colspan="6">备注事项：</td></tr>
<tr><td colspan="2">操作人</td><td colspan="2"></td><td>监护人</td><td></td></tr>
</table>

附件 2：

备品备件与材料

序号	名称	型号及规格	单位	数量	备注
1	绝缘胶布	红、黄、黑色等	卷		
2	调试网线		根		
3	软线		卷		
4	空开		个		

续表

序号	名称	型号及规格	单位	数量	备注
5	套管		卷		
6	常规标签色带		卷		
7	光纤标签色带		卷		
8	网口塞		包		
9	USB 口塞		包		
10	线手套		双		

工器具与仪器仪表

序号	名称	规格	单位	数量	备注
1	工具箱（包）		套		
2	数字式万用表		块		
3	调试笔记本电脑	操作系统经过加固的专用笔记本电脑	台		
4	电源插座、单相三线装有漏电保护器的电缆盘		个		
5	移动式电源		台		
6	网线测试仪		个		
7	便携式运维安全装置		台		
8	漏扫装置		台		
9	打号机		个		
10	标签机		个		

附件 3：

劳动组织和人员要求

劳动组织			
序号	人员类别	职责	作业人数
1	工作负责人	(1) 正确组织工作。 (2) 检查工作票所列安全措施是否正确完备，是否符合现场实际条件。 (3) 工作前，对工作班人员进行工作任务、安全措施和风险点告知，并确认每个工作班成员都已签名。	

续表

劳动组织			
序号	人员类别	职责	作业人数
1	工作负责人	(4) 执行由其负责的安全措施。 (5) 关注工作班人员身体状况和精神状态是否正常，人员变动是否合适。 (6) 确定需监护的作业内容，并确保监护执行到位。	1
2	工作班成员	(1) 熟悉工作内容、工作流程，掌握安全措施，明确工作中的风险点，并在工作票上履行交底签名确认手续。 (2) 服从工作负责人的指挥，严格遵守本规程和劳动纪律，在确定的作业范围内工作，对自己在工作中的行为负责，成员互相关心工作安全。 (3) 执行由其负责的安全措施。 (4) 正确使用施工器具、调试计算机（或其他专用设备）、存储介质、软件工具等。	按需

人员要求	
序号	内容
1	经医师鉴定，作业人员应无妨碍工作的病症。
2	作业人员应具备必要的电力监控系统专业知识，掌握电力监控系统专业工作技能，按工作性质，熟悉本规程，并经考试合格。
3	参与公司系统所承担电力监控系统工作的外来工作人员应熟悉本规程，经考试合格，并经电力监控系统运维单位（部门）认可后，方可参加工作。
4	新参加工作的人员、实习人员和临时参加工作的人员（管理人员、非全日制用工等），应经过电力监控系统安全知识教育后，方可参加指定的工作。
5	作业人员应被告知其作业现场和工作岗位存在的安全风险、安全注意事项、事故防范及紧急处理措施。
6	生产现场作业“十不干”： (1) 无票的不干。 (2) 工作任务、危险点不清楚的不干。 (3) 危险点控制措施未落实的不干。 (4) 超出作业范围未经审批的不干。 (5) 未在接地保护范围内的不干。 (6) 现场安全措施布置不到位、安全工器具不合格的不干。 (7) 杆塔根部、基础和拉线不牢固的不干。 (8) 高处作业防坠落措施不完善的不干。 (9) 有限空间内气体含量未经检测或检测不合格的不干。 (10) 工作负责人（专责监护人）不在现场的不干。

续表

人员要求	
序号	内容
7	“十大安全理念”： (1) 安全是企业的生命线。 (2) 发展决不能以牺牲安全为代价。 (3) 全员履责尽责，安全共治共享。 (4) 企业必须为员工提供安全的工作条件。 (5) 安全是管理者的首要责任。 (6) 谁主管、谁负责，管业务必须管安全。 (7) 一切风险皆可控制，一切事故皆可避免。 (8) 违章是事故的根源，遵章是安全的起点。 (9) 标准化作业应成为员工的基本操守。 (10) 安全培训合格是员工入职上岗的首要条件。

附件 4：

交换机调试项目列表

序号	加固类别	调试项目	完成情况	备注
1	设备管理	人员本地登录应通过 Console 口输入用户名和口令。		
2		人员运程登录应使用 SSH 协议，禁止使用 Telnet、rlogin 其他协议远程登录。		
3		配置访问控制列表，只允许网管系统、审计系统、主站核心设备地址能访问网络设备管理服务。SSH 和 SNMP 地址不同时应启用不同的访问控制列表。		
4		Console 口或远程登录后超过 5 分钟无动作应自动退出。		
5	用户与口令	配置只有使用用户名和口令的组合才能登录设备，口令强度采用技术手段予以校验通过，并对口令进行加密存储、定期更换。		
6		创建管理员和普通用户对应的账户，变电站端只能分配普通用户账户，变电站账户应实名制管理，只有查看、执行 ping 命令等权限。		
7	网络服务	禁用 TCP SMALL SERVERS。 禁用 UDP SMALL SERVERS。 禁用 Finger。 禁用 HTTP SERVER。 禁用 BOOTP SERVER。 关闭 DNS 查询功能，如要使用该功能，则显式配置 DNS SERVER。		

续表

序号	加固类别	调试项目	完成情况	备注
8	安全防护	修改网络设备的 banner 信息，如修改 Login Banner 信息，EXEC Banner 信息等。		
9		根据具体业务设置 ACL 访问控制列表，通过调度数据网三层接入机的出接口、路由器的入接口设置 ACL 屏蔽非法访问信息。		
10		关闭交换机、路由器上不使用的端口。		
11		绑定 IP、MAC 和端口。		
12		开启 NTP 服务，统一时钟源，NTP 服务器应为本地设备。		
13		启用 OSPF MD5 认证。 禁用重分部直连。 禁用默认路由。 关闭网络边界 OSPF 路由功能。		
14		检查网络设备软件版本，并实施统一管理。		
15	日志与审计	修改 SNMP 的默认通信字符串，并更新 SNMP 版本。		
16		启用设备日志审计功能。		
17		在设备上配置远程日志服务器 IP，并搭建日志服务器。		

2.4　厂站调度数据网路由器运维作业指导书

一、作业内容：调度数据网路由器运维　　编号：________

调试设备名称	调度数据网路由器

二、作业前准备

序号	准备工作	内容	完成情况
1	资料准备	(1) 办理 OMS 检修票。	
		(2) 编制本指导书。	

续表

序号	准备工作	内容	完成情况
1	资料准备	(3) 准备作业相关资料 (包括相关文件和加固手册电子版)。	
		(4) 办理工作票。	
2	耗材准备	根据检验项目，确定所需的备品备件与材料 (见附件2)。	
3	工器具与仪器仪表	包括专用工具、常规工器具、仪器仪表、电源设施等 (见附件2)。	
4	工作组织措施	作业组织有序。现场工作承载力可控，作业人数合理，人员精神状态良好，技能水平、准入资质满足要求 (见附件3)。	
5	工作安全措施	(1) 在更换调度数据网路由器工作前，验证变电站冗余的调度数据网路由器承载的业务系统运行正常。	
		(2) 在更换调度数据网路由器工作前，应确认其兼容性及对业务系统的影响。	
6	工作技术措施	编制二次工作安全措施票：①授权；②备份；③验证 (见附件1)。	
7	危险点分析	(1) 数据丢失：工作时应严格二次工作安全措施票执行，做好数据备份。	
		(2) 误发告警信号：工作前预先向主站申请网安系统加密装置检修挂牌。	
		(3) 误配置：规范执行路由器调试手册，结合作业现场实际修改设备配置参数，确保业务系统运行正常。	
		(4) 通信中断：工作时应严格按照二次工作安全措施票执行，防止接错、漏接线。	
		(5) 违规外联：使用经安全加固过的笔记本电脑接入便携式运维安全装置，进行调度数据网路由器调试。	

三、签名确认

确认签名	工作负责人	工作班成员

四、作业过程控制

<table>
<tr><th>序号</th><th>作业项目和工序</th><th>内容及工艺标准</th><th>完成情况</th></tr>
<tr><td rowspan="2">1</td><td rowspan="2">工作许可</td><td>工作票号：</td><td></td></tr>
<tr><td>安全交底：</td><td></td></tr>
<tr><td>2</td><td>现场安措实施</td><td>执行二次工作安全措施票（见附件 1）。</td><td></td></tr>
<tr><td rowspan="6">3</td><td rowspan="6">检修作业实施</td><td>（1）新调度数据网路由器上电，检查设备型号、硬件参数、设备运行状况，满足设备更换要求。</td><td></td></tr>
<tr><td>（2）根据原调度数据网路由器配置按照最小化原则配置调度数据网路由器。</td><td></td></tr>
<tr><td>（3）依据调度数据网路由器加固调试手册，完成调度数据网路由器加固。</td><td></td></tr>
<tr><td>（4）在更换调度数据网路由器工作前，验证变电站冗余的调度数据网路由器承载的业务系统运行正常。</td><td></td></tr>
<tr><td>（5）拆除拟更换调度数据网路由器，安装新配置调度数据网路由器并恢复接线，调试路由器与主站、变电站设备通信，与主站核实各业务数据正常。</td><td></td></tr>
<tr><td>（6）精益化整改：标签、网线、网口、USB 口封堵。</td><td></td></tr>
<tr><td>4</td><td>业务验证</td><td>验证调度数据网运行正常，数据正确。</td><td></td></tr>
<tr><td>5</td><td>完成安措执行</td><td>完成二次工作安全措施票执行（见附件 1）。</td><td></td></tr>
</table>

五、作业结束阶段

序号	内容	注意事项	完成情况
1	与自动化人员核对设备状态	核对设备状态及业务数据正常。	
2	清扫现场	现场清扫干净，无遗留物。	
3	OMS 系统终结流程	OMS 系统终结流程结票。	
4	填写修试记录	请运行人员签字确认。	
5	结束工作票	办理工作票结束手续，结束工作，人员撤离。	

六、执行评价

<table>
<tr><th>序号</th><th>遗留缺陷</th><th>工作负责人签名</th></tr>
<tr><td>1</td><td></td><td rowspan="2"></td></tr>
<tr><td>2</td><td></td></tr>
</table>

附件 1：

二次工作安全措施票

编号：________________

<table>
<tr><td colspan="2">调试设备名称</td><td colspan="5">调度数据网路由器</td></tr>
<tr><td>工作负责人</td><td></td><td>工作时间</td><td>年　月　日</td><td>签发人</td><td colspan="2"></td></tr>
<tr><td colspan="7">工作内容：</td></tr>
<tr><td colspan="7">安全措施：按工作顺序填写安全措施。已执行，在执行栏上打“√”。</td></tr>
</table>

序号	安全措施内容	执行
1	挂牌。向主站网络安全管控中心申请变电站加密装置检修挂牌。	
2	授权。授予作业人员__________检修账号，具备调度数据网路由器设备操作员权限开展调度数据网路由器设备更换及调试工作。	
3	备份。工作开始时备份拟更换调度数据网路由器配置信息。	
4	验证。工作开始前检查冗余设备运行正常，业务数据正常。	
5	备份。工作结束时备份更换调度数据网路由器配置信息。	
6	验证。工作结束时检查更换设备运行正常、业务数据正常、调度数据网运行正常。	
7	摘牌。向主站网络安全管控中心申请变电站加密装置检修摘牌。	

<table>
<tr><td colspan="4">备注事项：</td></tr>
<tr><td>操作人</td><td></td><td>监护人</td><td></td></tr>
</table>

附件 2：

备品备件与材料

序号	名称	型号及规格	单位	数量	备注
1	绝缘胶布	红、黄、黑色等	卷		
2	调试网线		根		
3	软线		卷		
4	空开		个		
5	套管		卷		
6	常规标签色带		卷		
7	光纤标签色带		卷		
8	网口塞		包		

续表

序号	名称	型号及规格	单位	数量	备注
9	USB 口塞		包		
10	线手套		双		

工器具与仪器仪表

序号	名称	规格	单位	数量	备注
1	工具箱（包）		套		
2	数字式万用表		块		
3	调试笔记本电脑	操作系统经过加固的专用笔记本电脑	台		
4	电源插座、单相三线装有漏电保护器的电缆盘		个		
5	移动式电源		台		
6	网线测试仪		个		
7	便携式运维安全装置		台		
8	漏扫装置		台		
9	打号机		个		
10	标签机		个		

附件 3：

劳动组织和人员要求

劳动组织			
序号	人员类别	职责	作业人数
1	工作负责人	(1) 正确组织工作。 (2) 检查工作票所列安全措施是否正确完备，是否符合现场实际条件。 (3) 工作前，对工作班人员进行工作任务、安全措施和风险点告知，并确认每个工作班成员都已签名。 (4) 执行由其负责的安全措施。 (5) 关注工作班人员身体状况和精神状态是否正常，人员变动是否合适。 (6) 确定需监护的作业内容，并确保监护执行到位。	1
2	工作班成员	(1) 熟悉工作内容、工作流程，掌握安全措施，明确工作中的风险点，并在工作票上履行交底签名确认手续。	按需

续表

劳动组织			
序号	人员类别	职责	作业人数
2	工作班成员	(2) 服从工作负责人的指挥，严格遵守本规程和劳动纪律，在确定的作业范围内工作，对自己在工作中的行为负责，成员互相关心工作安全。 (3) 执行由其负责的安全措施。 (4) 正确使用施工器具、调试计算机（或其他专用设备）、存储介质、软件工具等。	按需

人员要求	
序号	内容
1	经医师鉴定，作业人员应无妨碍工作的病症。
2	作业人员应具备必要的电力监控系统专业知识，掌握电力监控系统专业工作技能，按工作性质，熟悉本规程，并经考试合格。
3	参与公司系统所承担电力监控系统工作的外来工作人员应熟悉本规程，经考试合格，并经电力监控系统运维单位（部门）认可后，方可参加工作。
4	新参加工作的人员、实习人员和临时参加工作的人员（管理人员、非全日制用工等），应经过电力监控系统安全知识教育后，方可参加指定的工作。
5	作业人员应被告知其作业现场和工作岗位存在的安全风险、安全注意事项、事故防范及紧急处理措施。
6	生产现场作业“十不干”： (1) 无票的不干。 (2) 工作任务、危险点不清楚的不干。 (3) 危险点控制措施未落实的不干。 (4) 超出作业范围未经审批的不干。 (5) 未在接地保护范围内的不干。 (6) 现场安全措施布置不到位、安全工器具不合格的不干。 (7) 杆塔根部、基础和拉线不牢固的不干。 (8) 高处作业防坠落措施不完善的不干。 (9) 有限空间内气体含量未经检测或检测不合格的不干。 (10) 工作负责人（专责监护人）不在现场的不干。
7	“十大安全理念”： (1) 安全是企业的生命线。 (2) 发展决不能以牺牲安全为代价。 (3) 全员履责尽责，安全共治共享。 (4) 企业必须为员工提供安全的工作条件。 (5) 安全是管理者的首要责任。 (6) 谁主管、谁负责，管业务必须管安全。

续表

人员要求	
序号	内容
7	(7) 一切风险皆可控制，一切事故皆可避免。 (8) 违章是事故的根源，遵章是安全的起点。 (9) 标准化作业应成为员工的基本操守。 (10) 安全培训合格是员工入职上岗的首要条件。

附件 4：

路由器调试项目列表

序号	加固类别	调试项目	完成情况	备注
1	设备管理	人员本地登录应通过 Console 口输入用户名和口令。		
2		人员运程登录应使用 SSH 协议，禁止使用 Telnet、rlogin 其他协议远程登录。		
3		配置访问控制列表，只允许网管系统、审计系统、主站核心设备地址能访问网络设备管理服务。SSH 和 SNMP 地址不同时应启用不同的访问控制列表。		
4		Console 口或远程登录后超过 5 分钟无动作应自动退出。		
5	用户与口令	配置只有使用用户名和口令的组合才能登录设备，口令强度采用技术手段予以校验通过，并对口令进行加密存储、定期更换。		
6		创建管理员和普通用户对应的账户，变电站端只能分配普通用户账户，变电站账户应实名制管理，只有查看、ping 等权限。		
7	网络服务	禁用 TCP SMALL SERVERS。 禁用 UDP SMALL SERVERS。 禁用 Finger。 禁用 HTTP SERVER。 禁用 BOOTP SERVER。 关闭 DNS 查询功能，如要使用该功能，则显式配置 DNS SERVER。		
8	安全防护	修改网络设备的 banner 信息，如修改 Login Banner 信息、EXEC Banner 信息等。		
9		根据具体业务设置 ACL 访问控制列表，通过调度数据网三层接入机的出接口、路由器的入接口设置 ACL 屏蔽非法访问信息。		
10		关闭路由器、路由器上不使用的端口。		

续表

序号	加固类别	调试项目	完成情况	备注
11	安全防护	绑定 IP、MAC 和端口。		
12		开启 NTP 服务，统一时钟源，NTP 服务器应为本地设备。		
13		启用 OSPF MD5 认证。 禁用重分部直连。 禁用默认路由。 关闭网络边界 OSPF 路由功能。		
14		检查网络设备软件版本，并实施统一管理。		
15	日志与审计	修改 SNMP 的默认通信字符串，并更新 SNMP 版本。		
16		启用设备日志审计功能。		
17		在设备上配置远程日志服务器 IP，并搭建日志服务器。		

2.5 厂站纵向加密认证装置运维作业指导书

一、作业内容：纵向加密认证装置运维　　编号：____________

调试设备名称	纵向加密认证装置

二、作业前准备

序号	准备工作	内容	完成情况
1	资料准备	(1) 办理 OMS 检修票。	
		(2) 编制本指导书。	
		(3) 准备作业相关资料（包括相关文件和加固手册电子版）。	
		(4) 办理工作票。	
2	耗材准备	根据检验项目，确定所需的备品备件与材料（见附件 2）。	
3	工器具与仪器仪表	包括专用工具、常规工器具、仪器仪表、电源设施等（见附件 2）。	
4	工作组织措施	作业组织有序。现场工作承载力可控，作业人数合理，人员精神状态良好，技能水平、准入资质满足要求（见附件 3）。	

续表

序号	准备工作	内容	完成情况
5	工作安全措施	(1) 向主站网络安全管控中心申请变电站纵向加密认证装置检修挂牌。	
		(2) 在更换纵向加密认证装置工作前，验证变电站冗余的纵向加密认证装置承载的业务系统运行正常。	
6	工作技术措施	编制二次工作安全措施票：①授权；②备份；③验证（见附件 1）。	
7	危险点分析	(1) 数据丢失：严格二次工作安全措施票执行，做好数据备份。	
		(2) 误发告警信号：预先向主站申请网安系统检修挂牌。	
		(3) 误配置：规范执行防火墙安装调试手册，结合作业现场实际情况，按照最小化原则配置防火墙规则，确保业务系统运行正常。	
		(4) 明通互联：在纵向加密认证装置上进行工作时，严禁日绕过纵向加密认证装置将两侧网络直连。	
		(5) 通信中断：工作时应严格按照二次工作安全措施票执行，防止接错、漏接线。	
		(6) 违规外联：使用经安全加固过的笔记本电脑接入便携式运维安全装置进行设备调试。	

三、签名确认

确认签名	工作负责人	工作班成员

四、作业过程控制

序号	作业项目和工序	内容及工艺标准	完成情况
1	工作许可	工作票号：	
		安全交底：	
2	现场安措实施	执行二次工作安全措施票（见附件 1）。	
3	检修作业实施	(1) 梳理纵向加密认证装置承载业务，统计变电站与主站通信 IP 及端口。	
		(2) 新纵向加密认证装置上电，检查设备型号、硬件参数、设备运行状况，满足设备更换条件。	

续表

序号	作业项目和工序	内容及工艺标准	完成情况
3	检修作业实施	(3) 根据原纵向加密认证装置策略，按照最小化原则配置纵向加密认证装置。	
		(4) 依据纵向加密认证装置加固调试手册，完成纵向加密认证装置加固。	
		(5) 在更换纵向加密认证装置工作前，验证变电站冗余纵向加密认证装置承载的业务系统运行正常。	
		(6) 拆除拟更换纵向加密认证装置，安装新配置纵向加密认证装置并恢复接线，检查隧道是否连通，策略是否生效，核实至主站业务正常。	
		(7) 精益化整改：标签、网线、网口、USB 口封堵。	
4	业务验证	验证调度数据网运行正常，数据正确。	
5	完成安措执行	完成二次工作安全措施票执行（见附件 1）。	

五、作业结束阶段

序号	内容	注意事项	完成情况
1	与自动化人员核对设备状态	核对设备状态及业务数据正常。	
2	清扫现场	现场清扫干净，无遗留物。	
3	OMS 系统终结流程	OMS 系统终结流程结票。	
4	填写修试记录	请运行人员签字确认。	
5	结束工作票	办理工作票结束手续，结束工作，人员撤离。	

六、执行评价

序号	遗留缺陷	工作负责人签名
1		
2		

附件 1：

二次工作安全措施票

编号：________________

<table>
<tr><td>调试设备名称</td><td colspan="5">纵向加密认证装置</td></tr>
<tr><td>工作负责人</td><td></td><td>工作时间</td><td>年　月　日</td><td>签发人</td><td></td></tr>
<tr><td colspan="6">工作内容：</td></tr>
<tr><td colspan="6">安全措施：按工作顺序填写安全措施。已执行，在执行栏上打“√”。</td></tr>
</table>

序号	安全措施内容	执行
1	挂牌。向主站网络安全管控中心申请变电站纵向加密认证装置检修挂牌。	
2	授权。授予作业人员____________检修账号，具备纵向加密认证装置操作员权限开展纵向加密认证装置更换及网络安全监测装置调试工作。	
3	备份。工作开始时备份拟更换纵向加密认证装置数据，网监配置及资产信息。	
4	验证。工作开始时检查冗余设备运行正常，调度数据网业务正常。	
5	备份。工作结束时备份更换后纵向加密认证装置配置，备份网监配置及资产信息。	
6	验证。工作结束时检查更换纵向加密认证装置运行正常，调度数据网业务正常。	
7	摘牌。向主站网络安全管控中心申请变电站纵向加密认证装置检修摘牌。	

<table>
<tr><td colspan="4">备注事项：</td></tr>
<tr><td>操作人</td><td></td><td>监护人</td><td></td></tr>
</table>

附件 2：

备品备件与材料

序号	名称	型号及规格	单位	数量	备注
1	绝缘胶布	红、黄、黑色等	卷		
2	调试网线		根		
3	软线		卷		
4	空开		个		
5	套管		卷		
6	常规标签色带		卷		
7	光纤标签色带		卷		
8	网口塞		包		

续表

序号	名称	型号及规格	单位	数量	备注
9	USB 口塞		包		
10	线手套		双		

工器具与仪器仪表

序号	名称	规格	单位	数量	备注
1	工具箱（包）		套		
2	数字式万用表		块		
3	调试笔记本电脑	操作系统经过加固的专用笔记本电脑	台		
4	电源插座、单相三线装有漏电保护器的电缆盘		个		
5	移动式电源		台		
6	网线测试仪		个		
7	便携式运维安全装置		台		
8	打号机		个		
9	标签机		个		

附件 3：

劳动组织和人员要求

劳动组织			
序号	人员类别	职责	作业人数
1	工作负责人	(1) 正确组织工作。 (2) 检查工作票所列安全措施是否正确完备，是否符合现场实际条件。 (3) 工作前，对工作班人员进行工作任务、安全措施和风险点告知，并确认每个工作班成员都已签名。 (4) 执行由其负责的安全措施。 (5) 关注工作班人员身体状况和精神状态是否正常，人员变动是否合适。 (6) 确定需监护的作业内容，并确保监护执行到位。	1
2	工作班成员	(1) 熟悉工作内容、工作流程，掌握安全措施，明确工作中的风险点，并在工作票上履行交底签名确认手续。 (2) 服从工作负责人的指挥，严格遵守本规程和劳动纪律，在	按需

续表

劳动组织			
序号	人员类别	职责	作业人数
2	工作班成员	确定的作业范围内工作，对自己在工作中的行为负责，互相关心工作安全。 (3) 执行由其负责的安全措施。 (4) 正确使用施工器具、调试计算机 (或其他专用设备)、存储介质、软件工具等。	按需

人员要求	
序号	内容
1	经医师鉴定，作业人员应无妨碍工作的病症。
2	作业人员应具备必要的电力监控系统专业知识，掌握电力监控系统专业工作技能，按工作性质，熟悉本规程，并经考试合格。
3	参与公司系统所承担电力监控系统工作的外来工作人员应熟悉本规程，经考试合格，并经电力监控系统运维单位 (部门) 认可后，方可参加工作。
4	新参加工作的人员、实习人员和临时参加工作的人员 (管理人员、非全日制用工等)，应经过电力监控系统安全知识教育后，方可参加指定的工作。
5	作业人员应被告知其作业现场和工作岗位存在的安全风险、安全注意事项、事故防范及紧急处理措施。
6	生产现场作业“十不干”： (1) 无票的不干。 (2) 工作任务、危险点不清楚的不干。 (3) 危险点控制措施未落实的不干。 (4) 超出作业范围未经审批的不干。 (5) 未在接地保护范围内的不干。 (6) 现场安全措施布置不到位、安全工器具不合格的不干。 (7) 杆塔根部、基础和拉线不牢固的不干。 (8) 高处作业防坠落措施不完善的不干。 (9) 有限空间内气体含量未经检测或检测不合格的不干。 (10) 工作负责人 (专责监护人) 不在现场的不干。
7	“十大安全理念”： (1) 安全是企业的生命线。 (2) 发展决不能以牺牲安全为代价。 (3) 全员履责尽责，安全共治共享。 (4) 企业必须为员工提供安全的工作条件。 (5) 安全是管理者的首要责任。 (6) 谁主管、谁负责，管业务必须管安全。 (7) 一切风险皆可控制，一切事故皆可避免。

续表

人员要求	
序号	内容
7	(8) 违章是事故的根源，遵章是安全的起点。 (9) 标准化作业应成为员工的基本操守。 (10) 安全培训合格是员工入职上岗的首要条件。

附件 4：

纵向加密认证装置调试项目列表

序号	加固类别	调试项目	完成情况	备注
1	设备管理	应设置双机热备。		
2		应定期离线备份配置文件。		
3		支持 NTP 网络对时的设备应配置 NTP 对时服务器。		
4		不支持 NTP 服务的安全设备应手工定期设定时间与时钟服务器一致。		
5	用户与口令	应启用安全设备的登录方式为用户名密码认证。		
6		纵向认证设备应配置 IC 卡 /USB Key+ 用户名密码认证。		
7		应禁用安全设备缺省登录用户名密码 (不能禁用的应更改)。		
8		口令长度不得小于 8 位，字母和数字或特殊字符的混合 (不支持特殊字符的可不使用)，口令不得与用户名相同。		
9		口令应每季度更换，不应与历史密码相同。		
10		口令应密文存储。		
11		根据各品牌、用途安全设备的不同，应至少配置管理员、审计员两种用户 (部分设备可增加多种级别用户)。		
12		给不同用户分配不同权限。		
13	安全策略	账号登录后超过 5 分钟无动作自动退出。		
14		策略应限制源目的地址 (或连续的网段)，不应包含过多非业务需求地址段。		
15		策略应限制源目的端口，不应放开非业务需求的端口，对于端口随机变动的可限定端口范围。		

续表

序号	加固类别	调试项目	完成情况	备注
16	安全策略	采用白名单方式，对非业务需求的地址及端口一律禁止通过。		
17		纵向认证设备非业务需求策略只允许开放 ICMP 协议。		
18	日志与审计	应启用设备日志审计功能。		
19		应通过配置将日志转存到内网安全监视平台。		

2.6　厂站防火墙运维作业指导书

一、作业内容：防火墙运维　　　编号：______________

调试设备名称	防火墙、网络安全监测装置

二、作业前准备

序号	准备工作	内容	完成情况
1	资料准备	(1) 办理 OMS 检修票。	
		(2) 编制本指导书。	
		(3) 准备作业相关资料（包括相关文件和加固手册电子版）。	
		(4) 办理工作票。	
2	耗材准备	根据检验项目，确定所需的备品备件与材料（见附件 2）。	
3	工器具与仪器仪表	包括专用工具、常规工器具、仪器仪表、电源设施等（见附件 2）。	
4	工作组织措施	作业组织有序。现场工作承载力可控，作业人数合理，人员精神状态良好，技能水平、准入资质满足要求（见附件 3）。	
5	工作安全措施	(1) 向主站网络安全管控中心申请变电站网监设备检修挂牌。	
		(2) 在更换防火墙工作前，确认监控系统、保信子站、故障录波器及接入保护装置运行正常，录波功能正常，向业务归口管理单位申请Ⅰ、Ⅱ区交互业务临时退出。	

续表

序号	准备工作	内容	完成情况
6	工作技术措施	编制二次工作安全措施票：①授权；②备份；③验证（见附件1）。	
7	危险点分析	(1) 数据丢失：严格二次工作安全措施票执行，做好数据备份。	
		(2) 误发告警信号：预先向主站申请网安系统检修挂牌。	
		(3) 误配置：规范执行防火墙安装调试手册，结合作业现场实际情况，按照最小化原则配置防火墙规则，确保业务系统运行正常。	
		(4) 跨区互联：在安全设备上进行工作时，严禁绕过安全设备将两侧网络直连。	
		(5) 通信中断：工作时应严格按照二次工作安全措施票执行，防止接错、漏接线。	
		(6) 违规外联：使用经安全加固过的笔记本电脑接入便携式运维安全装置进行设备调试。	

三、签名确认

确认签名	工作负责人	工作班成员

四、作业过程控制

序号	作业项目和工序	内容及工艺标准	完成情况
1	工作许可	工作票号：	
		安全交底：	
2	现场安措实施	执行二次工作安全措施票（见附件1）。	
3	检修作业实施	(1) 梳理网络拓扑，统计站内Ⅰ、Ⅱ区业务交互设备IP。	
		(2) 新防火墙上电，检查设备型号、硬件参数、设备运行状况，满足设备更换要求。	
		(3) 根据原防火墙策略按照最小化原则配置防火墙。	
		(4) 依据防火墙加固调试手册，完成防火墙装置加固。	

续表

序号	作业项目和工序	内容及工艺标准	完成情况
3	检修作业实施	(5) 在更换防火墙工作前，确认监控系统、保信子站、故障录波器及接入保护装置运行正常，录波功能正常，向业务归口管理单位申请Ⅰ、Ⅱ区交互业务临时退出。	
		(6) 拆除拟更换防火墙，安装新配置防火墙并恢复接线，检查策略命中情况，核实Ⅰ、Ⅱ区业务交互正常。	
		(7) 配置防火墙 syslog 设置。在网络安全监测装置上添加设备资产。按照 GB/T 31992 的信号上送要求核对防火墙告警信号。	
		(8) 精益化整改：标签、网线、网口、USB 口封堵。	
4	业务验证	验证保信子站、故障录波系统运行正常，上送主站数据正确，网监资产防火墙在线，无网监告警信息。	
5	完成安措执行	完成二次工作安全措施票执行（见附件 1）。	

五、作业结束阶段

序号	内容	注意事项	完成情况
1	与自动化人员核对设备状态	核对设备状态及业务数据正常。	
2	清扫现场	现场清扫干净，无遗留物。	
3	OMS 系统终结流程	OMS 系统终结流程结票。	
4	填写修试记录	请运行人员签字确认。	
5	结束工作票	办理工作票结束手续，结束工作，人员撤离。	

六、执行评价

序号	遗留缺陷	工作负责人签名
1		
2		

附件 1：

二次工作安全措施票

编号：________________

<table>
<tr><td colspan="2">调试设备名称</td><td colspan="4">防火墙、网络安全监测装置</td></tr>
<tr><td>工作负责人</td><td></td><td>工作时间</td><td>年　月　日</td><td>签发人</td><td></td></tr>
<tr><td colspan="6">工作内容：</td></tr>
<tr><td colspan="6">安全措施：按工作顺序填写安全措施。已执行，在执行栏上打“√”。</td></tr>
<tr><td>序号</td><td colspan="4">安全措施内容</td><td>执行</td></tr>
<tr><td>1</td><td colspan="4">挂牌。向主站网络安全管控中心申请变电站网监设备检修挂牌。</td><td></td></tr>
<tr><td>2</td><td colspan="4">授权。授予作业人员____________检修账号，具备防火墙设备操作员权限开展防火墙设备更换及网络安全监测装置调试工作。</td><td></td></tr>
<tr><td>3</td><td colspan="4">备份。工作开始时备份拟更换防火墙设备数据，网监配置及资产信息。</td><td></td></tr>
<tr><td>4</td><td colspan="4">验证。工作开始时检查冗余设备运行正常，保信子站、故障录波器、网络安全监测装置正常。</td><td></td></tr>
<tr><td>5</td><td colspan="4">备份。工作结束时备份更换后防火墙设备配置，备份网监配置及资产信息。</td><td></td></tr>
<tr><td>6</td><td colspan="4">验证。工作结束时检查更换防火墙设备运行正常，保信子站、故障录波器、网络安全监测装置运行正常。</td><td></td></tr>
<tr><td>7</td><td colspan="4">摘牌。向主站网络安全管控中心申请变电站网监设备检修摘牌。</td><td></td></tr>
<tr><td colspan="6">备注事项：</td></tr>
<tr><td colspan="2">操作人</td><td></td><td colspan="2">监护人</td><td></td></tr>
</table>

附件 2：

备品备件与材料

序号	名称	型号及规格	单位	数量	备注
1	绝缘胶布	红、黄、黑色等	卷		
2	调试网线		根		
3	软线		卷		
4	空开		个		
5	套管		卷		
6	常规标签色带		卷		
7	光纤标签色带		卷		

续表

序号	名称	型号及规格	单位	数量	备注
8	网口塞		包		
9	USB 口塞		包		
10	线手套		双		

工器具与仪器仪表

序号	名称	规格	单位	数量	备注
1	工具箱（包）		套		
2	数字式万用表		块		
3	调试笔记本电脑	操作系统经过加固的专用笔记本电脑	台		
4	电源插座、单相三线装有漏电保护器的电缆盘		个		
5	移动式电源		台		
6	网线测试仪		个		
7	便携式运维安全装置		台		
8	漏扫装置		台		
9	打号机		个		
10	标签机		个		

附件 3：

劳动组织和人员要求

劳动组织			
序号	人员类别	职责	作业人数
1	工作负责人	(1) 正确组织工作。 (2) 检查工作票所列安全措施是否正确完备，是否符合现场实际条件。 (3) 工作前，对工作班人员进行工作任务、安全措施和风险点告知，并确认每个工作班成员都已签名。 (4) 执行由其负责的安全措施。 (5) 关注工作班人员身体状况和精神状态是否正常，人员变动是否合适。 (6) 确定需监护的作业内容，并确保监护执行到位。	1

续表

劳动组织			
序号	人员类别	职责	作业人数
2	工作班成员	(1) 熟悉工作内容、工作流程，掌握安全措施，明确工作中的风险点，并在工作票上履行交底签名确认手续。 (2) 服从工作负责人的指挥，严格遵守本规程和劳动纪律，在确定的作业范围内工作，对自己在工作中的行为负责，成员互相关心工作安全。 (3) 执行由其负责的安全措施。 (4) 正确使用施工器具、调试计算机（或其他专用设备）、存储介质、软件工具等。	按需

人员要求	
序号	内容
1	经医师鉴定，作业人员应无妨碍工作的病症。
2	作业人员应具备必要的电力监控系统专业知识，掌握电力监控系统专业工作技能，按工作性质，熟悉本规程，并经考试合格。
3	参与公司系统所承担电力监控系统工作的外来工作人员应熟悉本规程，经考试合格，并经电力监控系统运维单位（部门）认可后，方可参加工作。
4	新参加工作的人员、实习人员和临时参加工作的人员（管理人员、非全日制用工等），应经过电力监控系统安全知识教育后，方可参加指定的工作。
5	作业人员应被告知其作业现场和工作岗位存在的安全风险、安全注意事项、事故防范及紧急处理措施。
6	生产现场作业“十不干”： (1) 无票的不干。 (2) 工作任务、危险点不清楚的不干。 (3) 危险点控制措施未落实的不干。 (4) 超出作业范围未经审批的不干。 (5) 未在接地保护范围内的不干。 (6) 现场安全措施布置不到位、安全工器具不合格的不干。 (7) 杆塔根部、基础和拉线不牢固的不干。 (8) 高处作业防坠落措施不完善的不干。 (9) 有限空间内气体含量未经检测或检测不合格的不干。 (10) 工作负责人（专责监护人）不在现场的不干。
7	“十大安全理念”： (1) 安全是企业的生命线。 (2) 发展决不能以牺牲安全为代价。 (3) 全员履责尽责，安全共治共享。 (4) 企业必须为员工提供安全的工作条件。

续表

人员要求	
序号	内容
7	(5) 安全是管理者的首要责任。 (6) 谁主管、谁负责，管业务必须管安全。 (7) 一切风险皆可控制，一切事故皆可避免。 (8) 违章是事故的根源，遵章是安全的起点。 (9) 标准化作业应成为员工的基本操守。 (10) 安全培训合格是员工入职上岗的首要条件。

附件 4：

安全防护设备调试项目列表

序号	加固类别	调试项目	完成情况	备注
1	设备管理	应设置双机热备。		
2		应定期离线备份配置文件。		
3		支持 NTP 网络对时的设备应配置 NTP 对时服务器。		
4		不支持 NTP 服务的安全设备应手工定期设定时间与时钟服务器一致。		
5	用户与口令	应启用安全设备的登录方式为用户名密码认证。		
6		纵向认证设备应配置 IC 卡 /USB Key+ 用户名密码认证。		
7		应禁用安全设备缺省登录用户名密码 (不能禁用的应更改)。		
8		应禁用安全设备缺省登录用户名密码 (不能禁用的应更改)。		
9		口令长度不得小于 8 位，字母和数字或特殊字符的混合 (不支持特殊字符的可不使用)，口令不得与用户名相同。		
10		口令应每季度更换，不应与历史密码相同。		
11		口令应密文存储。		
12		根据各品牌、用途安全设备的不同，应至少配置管理员、审计员两种用户 (部分设备可增加多种级别用户)。		
13		给不同用户分配不同权限。		
14	安全策略	账号登录后超过 5 分钟无动作自动退出。		
15		策略应限制源目的地址 (或连续的网段)，不应包含过多非业务需求地址段。		

续表

序号	加固类别	调试项目	完成情况	备注
16	安全策略	策略应限制源目的端口，不应放开非业务需求的端口，对于端口随机变动的可限定端口范围。		
17		采用白名单方式，对非业务需求的地址及端口一律禁止通过。		
18		纵向认证设备非业务需求策略只允许开放 ICMP 协议。		
19	日志与审计	应启用设备日志审计功能。		
20		应通过配置将日志转存到内网安全监视平台。		

2.7 厂站服务器运维作业指导书

一、作业内容：服务器运维　　编号：________

调试设备名称	服务器、网络安全监测装置

二、作业前准备

序号	准备工作	内容	完成情况
1	资料准备	(1) 办理 OMS 检修票。	
		(2) 编制本指导书。	
		(3) 准备作业相关资料（包括相关文件和加固手册电子版）。	
		(4) 办理工作票。	
2	耗材准备	根据检验项目，确定所需的备品备件与材料（见附件 2）。	
3	工器具与仪器仪表	包括专用工具、常规工器具、仪器仪表、电源设施等（见附件 2）。	
4	工作组织措施	作业组织有序。现场工作承载力可控，作业人数合理，人员精神状态良好，技能水平、准入资质满足要求（见附件 3）。	
5	工作安全措施	(1) 在监控服务器上工作前，验证变电站冗余设备及远动承载的业务系统运行是否正常。	

续表

序号	准备工作	内容	完成情况
5	工作安全措施	(2) 向主站网络安全管控中心申请变电站网监设备检修挂牌。	
		(3) 升级操作系统版本前，应确认其兼容性及对业务系统的影响。	
6	工作技术措施	编制二次工作安全措施票：①授权；②备份；③验证（见附件 1）。	
7	危险点分析	(1) 数据丢失：严格二次工作安全措施票执行，做好数据备份。	
		(2) 误发告警信号：预先向主站申请网监设备检修挂牌。	
		(3) 通信中断：工作时应严格按照二次工作安全措施票执行，防止接错、漏接线。	
		(4) 误配置：规范执行操作系统、监控系统、数据库安装调试手册，结合作业现场实际修改设备配置参数，确保业务系统运行正常。	

三、签名确认

确认签名	工作负责人	工作班成员

四、作业过程控制

序号	作业项目和工序	内容及工艺标准	完成情况
1	工作许可	工作票号：	
		安全交底：	
2	现场安措实施	执行二次工作安全措施票（见附件 1）。	
3	检修作业实施	(1) 新监控服务器上电，检查设备型号、硬件参数、设备运行状况，满足设备更换要求。	
		(2) 安装新监控服务器操作系统、数据库、监控系统软件，结合作业现场实际修改设备配置参数。	
		(3) 还原监控软件数据备份。	
		(4) 依据服务器加固调试手册，完成监控服务器加固。	

续表

序号	作业项目和工序	内容及工艺标准	完成情况
3	检修作业实施	(5) 安装监控服务器探针程序并获得探针授权，配置探针程序。在网络安全监测装置上添加设备资产，梳理白名单、关键目录、危险命令。	
		(6) 拆除拟更换监控服务器，安装新配置监控服务器并恢复接线，启动监控系统，与冗余监控服务器核对数据信息，检查新设备与冗余设备数据一致。	
		(7) 按照 GB/T 31992 的信号上送要求核对探针程序告警信号。	
		(8) 精益化整改：标签、网线、网口、USB 口封堵。	
4	业务验证	验证监控系统运行正常，数据正确，探针程序运行正常，网监资产监控服务器在线，白名单、关键目录、危险命令调阅正常，无网监告警信息。	
5	完成安措执行	完成二次工作安全措施票执行（见附件 1）。	

五、作业结束阶段

序号	内容	注意事项	完成情况
1	与自动化人员核对设备状态	核对设备状态及业务数据正常。	
2	清扫现场	现场清扫干净，无遗留物。	
3	OMS 系统终结流程	OMS 系统终结流程结票。	
4	填写修试记录	请运行人员签字确认。	
5	结束工作票	办理工作票结束手续，结束工作，人员撤离。	

六、执行评价

序号	遗留缺陷	工作负责人签名
1		
2		

附件 1：

二次工作安全措施票

编号：＿＿＿＿＿＿＿＿

<table>
<tr><td>调试设备名称</td><td colspan="5">监控服务器、网络安全监测装置</td></tr>
<tr><td>工作负责人</td><td></td><td>工作时间</td><td>年　月　日</td><td>签发人</td><td></td></tr>
<tr><td colspan="6">工作内容：</td></tr>
<tr><td colspan="6">安全措施：按工作顺序填写安全措施。已执行，在执行栏上打“√”。</td></tr>
</table>

序号	安全措施内容	执行
1	挂牌。向主站网络安全管控中心申请变电站网监设备检修挂牌。	
2	授权。授予作业人员＿＿＿＿＿＿检修账号，具备监控服务器、网络安全监测装置操作员权限，能够开展监控服务器更换及网络安全监测装置调试工作。	
3	备份。工作开始时备份拟更换监控服务器数据库、监控系统软件、监控系统数据，备份网监配置及资产信息。	
4	验证。工作开始前检查冗余设备运行正常，远动数据正常。	
5	验证。工作结束时检查更换设备运行正常、远动数据正常、网络安全监测装置运行正常。	
6	备份。工作结束时备份更换监控服务器数据库、监控系统软件、监控系统数据，备份网监配置及资产信息。	
7	摘牌。向主站网络安全管控中心申请变电站网监设备检修摘牌。	

<table>
<tr><td colspan="4">备注事项：</td></tr>
<tr><td>操作人</td><td></td><td>监护人</td><td></td></tr>
</table>

附件 2：

备品备件与材料

序号	名称	型号及规格	单位	数量	备注
1	绝缘胶布	红、黄、黑色等	卷		
2	调试网线		根		
3	软线		卷		
4	空开		个		
5	套管		卷		
6	常规标签色带		卷		
7	光纤标签色带		卷		

续表

序号	名称	型号及规格	单位	数量	备注
8	网口塞		包		
9	USB 口塞		包		
10	线手套		双		

工器具与仪器仪表

序号	名称	规格	单位	数量	备注
1	工具箱（包）		套		
2	数字式万用表		块		
3	调试笔记本电脑	操作系统经过加固的专用笔记本电脑	台		
4	电源插座、单相三线装有漏电保护器的电缆盘		个		
5	移动式电源		台		
6	网线测试仪		个		
7	便携式运维安全装置		台		
8	漏扫装置		台		
9	打号机		个		
10	标签机		个		

附件 3：

劳动组织和人员要求

劳动组织			
序号	人员类别	职责	作业人数
1	工作负责人	(1) 正确组织工作。 (2) 检查工作票所列安全措施是否正确完备，是否符合现场实际条件。 (3) 工作前，对工作班人员进行工作任务、安全措施和风险点告知，并确认每个工作班成员都已签名。 (4) 执行由其负责的安全措施。 (5) 关注工作班人员身体状况和精神状态是否正常，人员变动是否合适。 (6) 确定需监护的作业内容，并确保监护执行到位。	1

续表

劳动组织			
序号	人员类别	职责	作业人数
2	工作班成员	(1) 熟悉工作内容、工作流程，掌握安全措施，明确工作中的风险点，并在工作票上履行交底签名确认手续。 (2) 服从工作负责人的指挥，严格遵守本规程和劳动纪律，在确定的作业范围内工作，对自己在工作中的行为负责，成员互相关心工作安全。 (3) 执行由其负责的安全措施。 (4) 正确使用施工器具、调试计算机（或其他专用设备）、存储介质、软件工具等。	按需

人员要求	
序号	内容
1	经医师鉴定，作业人员应无妨碍工作的病症。
2	作业人员应具备必要的电力监控系统专业知识，掌握电力监控系统专业工作技能，按工作性质，熟悉本规程，并经考试合格。
3	参与公司系统所承担电力监控系统工作的外来工作人员应熟悉本规程，经考试合格，并经电力监控系统运维单位（部门）认可后，方可参加工作。
4	新参加工作的人员、实习人员和临时参加工作的人员（管理人员、非全日制用工等），应经过电力监控系统安全知识教育后，方可参加指定的工作。
5	作业人员应被告知其作业现场和工作岗位存在的安全风险、安全注意事项、事故防范及紧急处理措施。
6	生产现场作业“十不干”： (1) 无票的不干。 (2) 工作任务、危险点不清楚的不干。 (3) 危险点控制措施未落实的不干。 (4) 超出作业范围未经审批的不干。 (5) 未在接地保护范围内的不干。 (6) 现场安全措施布置不到位、安全工器具不合格的不干。 (7) 杆塔根部、基础和拉线不牢固的不干。 (8) 高处作业防坠落措施不完善的不干。 (9) 有限空间内气体含量未经检测或检测不合格的不干。 (10) 工作负责人（专责监护人）不在现场的不干。
7	“十大安全理念”： (1) 安全是企业的生命线。 (2) 发展决不能以牺牲安全为代价。 (3) 全员履责尽责，安全共治共享。 (4) 企业必须为员工提供安全的工作条件。 (5) 安全是管理者的首要责任。

续表

人员要求	
序号	内容
7	(6) 谁主管、谁负责，管业务必须管安全。 (7) 一切风险皆可控制，一切事故皆可避免。 (8) 违章是事故的根源，遵章是安全的起点。 (9) 标准化作业应成为员工的基本操守。 (10) 安全培训合格是员工入职上岗的首要条件。

附件 4：

服务器调试项目列表

序号	加固类别	调试项目	完成情况	备注
1	配置管理	操作系统中除系统默认账户外不存在与监控系统无关的账户。		
2		口令长度不小于 8 位。		
3		口令是字母、数字和特殊字符组成。		
4		口令不得与账户名相同。		
5		连续登录失败 5 次后，账户锁定 10 分钟。		
6		采用两种或两种以上组合的鉴别技术对用户进行身份鉴别。		
7		口令 90 天定期更换。		
8		口令过期前 10 天，应提示修改。		
9		系统桌面只显示系统图标，禁止除监控系统外的其他程序，如 shell 运行。		
10		配置用户 IP 地址更改策略，禁止用户修改 IP 地址或在指定范围内设置 IP 地址。		
11		配置禁止用户更改计算机名策略。		
12		服务器禁止配置默认路由。		
13	网络管理	配置基于目的 IP 地址、端口、数据流向的网络访问控制策略。		
14		限制端口的最大连接数，在连接数超过 100 时进行预警。		
15		操作系统应遵循最小安装的原则，仅安装和开启必须的服务，禁止与 D5000 系统无关的服务开启。		

续表

序号	加固类别	调试项目	完成情况	备注
16	网络管理	关闭 FTP、Telnet、login、135、445、SMTP/POP3、SNMPv3 以下版本等公共网络服务。		
17	接入管理	配置外设接口使用策略，只准许特定接口接入设备。		
18		保证鼠标、键盘、U-KEY（除人机工作站和自动化运维工作站外，禁止 U-KEY 的使用）等常用外设的正常使用，其他设备一律禁用，非法接入时产生告警。		
19		关闭移动存储介质的自动播放或自动打开功能。关闭光驱的自动播放或自动打开功能。		
20		远程登录应使用 ssh 协议，禁止使用其他远程登录协议。		
21		处于网络边界的服务器 ssh 服务通常情况下处于关闭状态，有远程登录需求时可由管理员开启。		
22		限制指定 IP 地址范围服务器的远程登录。		
23		服务器间登录禁止使用公钥验证，应使用密码验证模式。		
24		操作系统使用的 ssh 协议版本应高于 openssh v7.2		
25		600 秒内无操作，自动退出。		
26	外部连接管理	配置禁止 Modem 拨号。		
27		禁止使用无线网卡。		
28		禁止使用 3G 网卡。		
29		配置主动联网检测策略。		
30		禁用非法 IE 代理上网。		
31		配置系统日志策略配置文件，使系统对鉴权事件、登录事件、用户行为事件、物理接口和网络接口接入事件、系统软硬件故障等进行审计。		
32		对审计产生的日志数据分配合理的存储空间和存储时间。		
33		设置合适的日志配置文件的访问控制权限。		
34		采用专用的安全审计系统对审计记录进行查询、统计、分析和生成报表。		
35		日志默认保存两个月，两个月后自动覆盖。		

2.8 厂站业务系统运维作业指导书

一、作业内容：厂站业务系统运维　　编号：________

调试设备名称	主机设备、网络安全监测装置、调度数据网设备、站控层交换机、防火墙、隔离装置、远动及保护测控装置

二、作业前准备

序号	准备工作	内容	完成情况
1	资料准备	(1) 办理OMS检修票。	
		(2) 编制本指导书。	
		(3) 准备作业相关资料（包括相关文件和加固手册电子版）。	
		(4) 办理工作票。	
2	耗材准备	根据检验项目，确定所需的备品备件与材料（见附件2）。	
3	工器具与仪器仪表	包括专用工具、常规工器具、仪器仪表、电源设施等（见附件2）。	
4	工作组织措施	作业组织有序。现场工作承载力可控，作业人数合理，人员精神状态良好，技能水平、准入资质满足要求（见附件3）。	
5	工作安全措施	(1) 在工作前，检查变电站各类设备承载的业务系统运行正常。	
		(2) 向主站网络安全管控中心申请变电站网监设备、加密设备检修挂牌。	
6	工作技术措施	编制二次工作安全措施票：①授权；②备份；③验证（见附件1）。	
7	危险点分析	(1) 数据丢失：严格二次工作安全措施票执行，做好数据备份。	
		(2) 误发告警信号：预先向主站申请网安系统检修挂牌。	
		(3) 误配置：规范执行各类设备调试手册，结合作业现场实际修改设备配置参数，确保业务系统运行正常。	

续表

序号	准备工作	内容	完成情况
7	危险点分析	(4) 通信中断：工作时应严格按照二次工作安全措施票执行，防止接错、漏接线。	
		(5) 违规外联：使用经安全加固过的笔记本电脑接入便携式运维安全装置进行设备调试。	

三、签名确认

确认签名	工作负责人	工作班成员

四、作业过程控制

序号	作业项目和工序	内容及工艺标准	完成情况
1	工作许可	工作票号：	
		安全交底：	
2	现场安措实施	执行二次工作安全措施票（见附件 1）。	
3	检修作业实施	(1) 梳理网络拓扑，将全站网络拓扑更改正确；根据实际拓扑按照最小化原则配置防火墙、隔离装置规则，检查各类业务正常。	
		(2) 全站漏扫，端口扫描，统计各类设备缺陷、漏洞。	
		(3) 根据漏扫结果以及各设备调试手册，完成主机加固工作。	
		(4) 根据漏扫结果以及各设备调试手册，完成站控层交换机加固工作。存在高危漏洞时，升级软件包可解决的，升级网络设备程序，对于不能升级解决漏洞的，更换网络设备。	
		(5) 远动及保护测控装置存在高危漏洞的，联系对应厂家进行解决处理。	
		(6) 根据漏扫结果以及各设备调试手册，完全防火墙、隔离装置加固工作。	
		(7) 梳理网监资产，接入所有可接入设备。	
		(8) 按照 GB/T 31992 的信号上送要求核对探针程序告警信号。	
		(9) 梳理所有设备白名单、关键目录、危险命令，完成网络安全监测装置加固工作。	

续表

序号	作业项目和工序	内容及工艺标准	完成情况
3	检修作业实施	(10) 重新漏扫全站设备，保存结果。	
		(11) 完成数据网设备加固工作；检查加密隧道、策略符合实际业务及最小化原则。	
		(12) 精益化整改：标签、网线、网口、USB 口封堵。	
4	业务验证	验证监控系统、远动系统、保信子站、故障录波器运行正常，数据正确，探针程序运行正常，网监资产主机在线，白名单、关键目录、危险命令调阅正常，无网监告警信息。	
5	完成安措执行	完成二次工作安全措施票执行（见附件 1）。	

五、作业结束阶段

序号	内容	注意事项	完成情况
1	与自动化人员核对设备状态	核对设备状态及业务数据正常。	
2	清扫现场	现场清扫干净，无遗留物。	
3	OMS 系统终结流程	OMS 系统终结流程结票。	
4	填写修试记录	请运行人员签字确认。	
5	结束工作票	办理工作票结束手续，结束工作，人员撤离。	

六、执行评价

序号	遗留缺陷	工作负责人签名
1		
2		

附件 1：

二次工作安全措施票

编号：________________

<table>
<tr><td colspan="2">调试设备名称</td><td colspan="4">主机设备、网络安全监测装置、调度数据网设备、站控层交换机、防火墙、隔离装置、远动及保护测控装置</td></tr>
<tr><td>工作负责人</td><td></td><td>工作时间</td><td>年　月　日</td><td>签发人</td><td></td></tr>
<tr><td colspan="6">工作内容：</td></tr>
<tr><td colspan="6">安全措施：按工作顺序填写安全措施。已执行，在执行栏上打“√”。</td></tr>
</table>

续表

序号	安全措施内容	执行
1	挂牌。向主站网络安全管控中心申请变电站网监、加密设备检修挂牌。	
2	授权。授予作业人员______检修账号，具备各类主机设备，网络安全监测装置、站控层交换机、防火墙、数据网设备操作员权限开展后台主机设备更换及网络安全监测装置调试工作。	
3	备份。工作开始时备份后台、远动、防火墙、隔离装置、数据网、网络安全监测装置相关备份。	
4	验证。工作开始前检查各类设备运行正常，数据正常。	
5	备份。工作结束时备份后台、远动、防火墙、隔离装置、数据网、网络安全监测装置相关备份。	
6	验证。工作结束时检查各类设备运行正常，数据正确。	
7	摘牌。向主站网络安全管控中心申请变电站网监、加密设备检修摘牌。	
备注事项：		

操作人		监护人	

附件 2：

备品备件与材料

序号	名称	型号及规格	单位	数量	备注
1	绝缘胶布	红、黄、黑色等	卷		
2	调试网线		根		
3	软线		卷		
4	空开		个		
5	套管		卷		
6	常规标签色带		卷		
7	光纤标签色带		卷		
8	网口塞		包		
9	USB 口塞		包		
10	线手套		双		

工器具与仪器仪表

序号	名称	规格	单位	数量	备注
1	工具箱（包）		套		
2	数字式万用表		块		
3	调试笔记本电脑	操作系统经过加固的专用笔记本电脑	台		
4	电源插座、单相三线装有漏电保护器的电缆盘		个		
5	移动式电源		台		
6	网线测试仪		个		
7	便携式运维安全装置		台		
8	漏扫装置		台		
9	打号机		个		
10	标签机		个		

附件3：

劳动组织和人员要求

劳动组织			
序号	人员类别	职责	作业人数
1	工作负责人	(1) 正确组织工作。 (2) 检查工作票所列安全措施是否正确完备，是否符合现场实际条件。 (3) 工作前，对工作班人员进行工作任务、安全措施和风险点告知，并确认每个工作班成员都已签名。 (4) 执行由其负责的安全措施。 (5) 关注工作班人员身体状况和精神状态是否正常，人员变动是否合适。 (6) 确定需监护的作业内容，并确保监护执行到位。	1
2	工作班成员	(1) 熟悉工作内容、工作流程，掌握安全措施，明确工作中的风险点，并在工作票上履行交底签名确认手续。 (2) 服从工作负责人的指挥，严格遵守本规程和劳动纪律，在确定的作业范围内工作，对自己在工作中的行为负责，成员互相关心工作安全。 (3) 执行由其负责的安全措施。 (4) 正确使用施工器具、调试计算机（或其他专用设备）、存储介质、软件工具等。	按需

续表

人员要求	
序号	内容
1	经医师鉴定，作业人员应无妨碍工作的病症。
2	作业人员应具备必要的电力监控系统专业知识，掌握电力监控系统专业工作技能，按工作性质，熟悉本规程，并经考试合格。
3	参与公司系统所承担电力监控系统工作的外来工作人员应熟悉本规程，经考试合格，并经电力监控系统运维单位（部门）认可后，方可参加工作。
4	新参加工作的人员、实习人员和临时参加工作的人员（管理人员、非全日制用工等），应经过电力监控系统安全知识教育后，方可参加指定的工作。
5	作业人员应被告知其作业现场和工作岗位存在的安全风险、安全注意事项、事故防范及紧急处理措施。
6	生产现场作业“十不干”： （1）无票的不干。 （2）工作任务、危险点不清楚的不干。 （3）危险点控制措施未落实的不干。 （4）超出作业范围未经审批的不干。 （5）未在接地保护范围内的不干。 （6）现场安全措施布置不到位、安全工器具不合格的不干。 （7）杆塔根部、基础和拉线不牢固的不干。 （8）高处作业防坠落措施不完善的不干。 （9）有限空间内气体含量未经检测或检测不合格的不干。 （10）工作负责人（专责监护人）不在现场的不干。
7	“十大安全理念”： （1）安全是企业的生命线。 （2）发展决不能以牺牲安全为代价。 （3）全员履责尽责，安全共治共享。 （4）企业必须为员工提供安全的工作条件。 （5）安全是管理者的首要责任。 （6）谁主管、谁负责，管业务必须管安全。 （7）一切风险皆可控制，一切事故皆可避免。 （8）违章是事故的根源，遵章是安全的起点。 （9）标准化作业应成为员工的基本操守。 （10）安全培训合格是员工入职上岗的首要条件。

2.9 厂站异常处置作业指导书

一、作业内容：厂站异常处置　　编号：______

调试设备名称	主机设备、故障录波器、保信子站、调度数据网设备、远动装置、安防设备、网络安全监测装置、PMU

二、作业前准备

序号	准备工作	内容	完成情况
1	资料准备	(1) 办理 OMS 检修票。	
		(2) 编制本指导书。	
		(3) 准备作业相关资料（包括相关文件和加固手册电子版）。	
		(4) 办理工作票。	
2	耗材准备	根据检验项目，确定所需的备品备件与材料（见附件 2）。	
3	工器具与仪器仪表	包括专用工具、常规工器具、仪器仪表、电源设施等（见附件 2）。	
4	工作组织措施	作业组织有序。现场工作承载力可控，作业人数合理，人员精神状态良好，技能水平、准入资质满足要求（见附件 3）。	
5	工作安全措施	(1) 向主站网络安全管控中心申请变电站网监设备检修挂牌。	
		(2) 依据非法端口及 IP 地址锁定业务主机，在主机设备上工作前，验证其承载的业务系统运行正常。	
6	工作技术措施	编制二次工作安全措施票：①授权；②备份；③验证（见附件 1）。	
7	危险点分析	(1) 数据丢失：严格二次工作安全措施票执行，做好数据备份。	
		(2) 误发告警信号：预先向主站申请网安系统检修挂牌。	
		(3) 通信中断：工作时应严格按照二次工作安全措施票执行，防止接错、漏接线。	
		(4) 误配置：结合作业现场实际设备缺陷进行操作，防止监控系统业务中断。	

三、签名确认

<table>
<tr><td rowspan="2">确认签名</td><td>工作负责人</td><td>工作班成员</td></tr>
<tr><td></td><td></td></tr>
</table>

四、作业过程控制

<table>
<tr><th>序号</th><th>作业项目和工序</th><th>内容及工艺标准</th><th>完成情况</th></tr>
<tr><td rowspan="2">1</td><td rowspan="2">工作许可</td><td>工作票号：</td><td rowspan="2"></td></tr>
<tr><td>安全交底：</td></tr>
<tr><td>2</td><td>现场安措实施</td><td>执行二次工作安全措施票（见附件 1）。</td><td></td></tr>
<tr><td rowspan="7">3</td><td rowspan="7">检修作业实施</td><td>(1) 端口非法访问：依据非法端口及 IP 地址锁定业务主机，检查主机白名单是否添加完整，无用端口是否全部关闭。</td><td></td></tr>
<tr><td>(2) 资产无法调阅：现场检查设备探针程序是否运行正常，网监资产配置是否正确，软件程序是否运行正常，检查设备路由配置是否正确。</td><td></td></tr>
<tr><td>(3) 站内数据不刷新：检查远动装置内部程序是否配置正确且运行正常，判断远动自身通信板件与 CPU 板件的通信是否正常，可采取重启远动，后期进行软件版本更新处理。</td><td></td></tr>
<tr><td>(4) 设备无法远程登录：检查设备本地 console 口及远程 ssh 是否登录正常，将装置自身路由配置重新更新后，检查各业务数据是否正常。</td><td></td></tr>
<tr><td>(5) 测控装置遥测跳变及通信中断：检查远动机上送系数配置，检查设备本身上送数据是否正常，下级交换机是否正常运行，可将设备重启或更换交换机或更换设备背板插件。</td><td></td></tr>
<tr><td>(6) 调度数据网接入网业务中断：与调度部门核实业务，检查纵向加密装置隧道配置、加解密数据包是否正确，可采取重新配置进行处理，核实远动业务是否恢复正常。</td><td></td></tr>
<tr><td>(7) 与主站核实缺陷是否消除，是否存在遗留缺陷。</td><td></td></tr>
<tr><td>4</td><td>业务验证</td><td>验证主机监控系统、远动系统、保信子站、故障录波器、调度数据网设备、安防设备、网络安全监测装置、PMU 运行正常且数据正确，探针程序运行正常，网监资产主机在线，白名单、关键目录、危险命令调阅正常，无网监告警信息。</td><td></td></tr>
<tr><td>5</td><td>完成安措执行</td><td>完成二次工作安全措施票执行（见附件 1）。</td><td></td></tr>
</table>

五、作业结束阶段

序号	内容	注意事项	完成情况
1	与自动化人员核对设备状态	核对设备状态及业务数据正常。	
2	清扫现场	现场清扫干净，无遗留物。	
3	OMS 系统终结流程	OMS 系统终结流程结票。	
4	填写修试记录	请运行人员签字确认。	
5	结束工作票	办理工作票结束手续，结束工作，人员撤离。	

六、执行评价

序号	遗留缺陷	工作负责人签名
1		
2		

附件 1：

二次工作安全措施票

编号：________________

<table>
<tr><td colspan="2">调试设备名称</td><td colspan="5">主机设备、故障录波器、保信子站、调度数据网设备、远动装置、安防设备、网络安全监测装置、PMU</td></tr>
<tr><td>工作负责人</td><td></td><td>工作时间</td><td>年　月　日</td><td>签发人</td><td colspan="2"></td></tr>
<tr><td colspan="7">工作内容：</td></tr>
<tr><td colspan="7">安全措施：按工作顺序填写安全措施。已执行，在执行栏上打“√”。</td></tr>
<tr><td>序号</td><td colspan="5">安全措施内容</td><td>执行</td></tr>
<tr><td>1</td><td colspan="5">挂牌。向主站网络安全管控中心申请变电站网监设备检修挂牌。</td><td></td></tr>
<tr><td>2</td><td colspan="5">授权。授予作业人员______________检修账号，具备______________设备操作员权限开展消缺工作。</td><td></td></tr>
<tr><td>3</td><td colspan="5">验证。工作开始前检查消缺设备运行正常，业务数据正常。</td><td></td></tr>
<tr><td>4</td><td colspan="5">验证。工作结束时检查消缺设备运行正常、业务数据正常、网络安全监测装置运行正常、无告警信息。</td><td></td></tr>
<tr><td>5</td><td colspan="5">摘牌。向主站网络安全管控中心申请变电站网监设备检修摘牌。</td><td></td></tr>
<tr><td colspan="7">备注事项：</td></tr>
<tr><td colspan="2">操作人</td><td colspan="2"></td><td>监护人</td><td colspan="2"></td></tr>
</table>

附件 2：

备品备件与材料

序号	名称	型号及规格	单位	数量	备注
1	绝缘胶布	红、黄、黑色等	卷		
2	调试网线		根		
3	软线		卷		
4	空开		个		
5	套管		卷		
6	常规标签色带		卷		
7	光纤标签色带		卷		
8	网口塞		包		
9	USB 口塞		包		
10	线手套		双		

工器具与仪器仪表

序号	名称	规格	单位	数量	备注
1	工具箱（包）		套		
2	数字式万用表		块		
3	调试笔记本电脑	操作系统经过加固的专用笔记本电脑	台		
4	电源插座、单相三线装有漏电保护器的电缆盘		个		
5	移动式电源		台		
6	网线测试仪		个		
7	便携式运维安全装置		台		
8	打号机		个		
9	标签机		个		

附件3：

劳动组织和人员要求

劳动组织			
序号	人员类别	职责	作业人数
1	工作负责人	(1) 正确组织工作。 (2) 检查工作票所列安全措施是否正确完备，是否符合现场实际条件。 (3) 工作前，对工作班人员进行工作任务、安全措施和风险点告知，并确认每个工作班成员都已签名。 (4) 执行由其负责的安全措施。 (5) 关注工作班人员身体状况和精神状态是否正常，人员变动是否合适。 (6) 确定需监护的作业内容，并确保监护执行到位。	1
2	工作班成员	(1) 熟悉工作内容、工作流程，掌握安全措施，明确工作中的风险点，并在工作票上履行交底签名确认手续。 (2) 服从工作负责人的指挥，严格遵守本规程和劳动纪律，在确定的作业范围内工作，对自己在工作中的行为负责，成员互相关心工作安全。 (3) 执行由其负责的安全措施。 (4) 正确使用施工器具、调试计算机（或其他专用设备）、存储介质、软件工具等。	按需

人员要求	
序号	内容
1	经医师鉴定，作业人员应无妨碍工作的病症。
2	作业人员应具备必要的电力监控系统专业知识，掌握电力监控系统专业工作技能，按工作性质，熟悉本规程，并经考试合格。
3	参与公司系统所承担电力监控系统工作的外来工作人员应熟悉本规程，经考试合格，并经电力监控系统运维单位（部门）认可后，方可参加工作。
4	新参加工作的人员、实习人员和临时参加工作的人员（管理人员、非全日制用工等），应经过电力监控系统安全知识教育后，方可参加指定的工作。
5	作业人员应被告知其作业现场和工作岗位存在的安全风险、安全注意事项、事故防范及紧急处理措施。
6	生产现场作业“十不干”： (1) 无票的不干。 (2) 工作任务、危险点不清楚的不干。 (3) 危险点控制措施未落实的不干。 (4) 超出作业范围未经审批的不干。 (5) 未在接地保护范围内的不干。

续表

人员要求	
序号	内容
6	(6) 现场安全措施布置不到位、安全工器具不合格的不干。 (7) 杆塔根部、基础和拉线不牢固的不干。 (8) 高处作业防坠落措施不完善的不干。 (9) 有限空间内气体含量未经检测或检测不合格的不干。 (10) 工作负责人（专责监护人）不在现场的不干。
7	“十大安全理念”： (1) 安全是企业的生命线。 (2) 发展决不能以牺牲安全为代价。 (3) 全员履责尽责，安全共治共享。 (4) 企业必须为员工提供安全的工作条件。 (5) 安全是管理者的首要责任。 (6) 谁主管、谁负责，管业务必须管安全。 (7) 一切风险皆可控制，一切事故皆可避免。 (8) 违章是事故的根源，遵章是安全的起点。 (9) 标准化作业应成为员工的基本操守。 (10) 安全培训合格是员工入职上岗的首要条件。

第3章　变电站电力监控系统验收作业标准化指导书

变电站电力监控系统验收作业标准化指导书对落实国家、行业有关法律和法规要求，规范新、改、扩建变电站电力监控系统验收工作的现场标准化作业流程，加强现场作业过程标准化管控，防范因违规操作引发各类安全风险起到明显的作用。本指导书针对验收作业过程中不同项目、环节、内容，分别通过表格形式对资料检查、工艺检查、设备检查及二次安防检查等方面提出了标准化要求，为验收人员现场工作提供指导，确保验收工作细致无遗漏。

3.1 验收前准备

3.1.1 验收必备条件

序号	内容	要求	确认（√）
1	基础条件	验收工作组已成立。	
		变电站现场使用的监控系统设备必须为已经过有资质的电力工业电力设备质量检验测试机构检验，并取得有效、合格的检验报告和入网许可证的产品。	
		验收申请已经提交。	
2	现场调试条件	二次设备安装结束，回路检查试验完成，相应的现场一次设备具备联动试验条件。	
		二次设备站内调试已完成。	
		监控系统站控层设备及各项应用功能调试完成。	
		电力调度数据网及电力监控系统网络安全防护设备调试已完成，与各级调度通道调试已完成。	
		出厂验收时遗留问题已全部处理完毕。	
		施工单位各级自验收、整改工作已完成。	
		监控信息点表已通过调控中心审核。	
3	其他条件	监控设备调试报告、设备技术资料、设计图纸及竣工草图、调试遗留问题等相关资料齐备。	
		设备命名标识，光纤、空气开关，压板等标牌挂设已完成。	

3.1.2 验收组人员要求

序号	内容	要求	确认（√）
1	验收人员组成	变电站监控系统验收组由工程项目建设负责单位、调控机构、现场安装调试单位、设备运行维护单位、设计单位等相关人员组成，负责现场验收的相关工作；受委托的检验机构和监控系统设备供应商负责做好验收相关配合工作。	

续表

序号	内容	要求	确认（√）
2	验收人员要求	验收及配合人员应具备必要的电气知识和业务技能，具有相关工作经验，熟悉设备情况，熟悉电力安全相关规程，并经考试合格。	
		工程安装单位、监控系统设备供应商配合人员应具有实际工程经验，并参与本工程的全过程调试，按验收组要求配合完成相关工作。	
		验收人员应明确验收工作的范围、内容、作业标准及安全注意事项。	
		验收人员应精神饱满、状态良好。	
3	现场着装要求	进入变电站现场，验收人员应着工作服，正确佩戴安全帽，穿绝缘鞋，佩戴工作证件，满足现场工作要求。	

3.1.3　设备信息清单

略。

3.1.4　验收工器具

序号	名称	要求	确认（√）
1	交流采样测试仪	提供多路模拟交流电压、电流稳定输出，精度等级要求：0.05 级。	
2	光纤功率测试仪	能够测量光缆、光纤连接器的插入损耗值及测量装置发光功率。精度要求：± 0.01。	
3	万用表	测量直流电流、直流电压、交流电压、电阻和信号电平等。精度要求：± 0.5%。	
4	网络数字仿真测试仪	用于合并单元、智能终端、保护、测控等 IED 设备的快速简捷测试、遥信 / 遥测对点、光纤链路检查、系统联调等。	
5	笔记本电脑	预装 SCD 组态软件、网络抓包软件等，具备查看 SCD 文件、记录文档、截取分析报文等功能。	
6	漏扫装置	用于扫描设备系统漏洞及服务漏洞的硬件设备。	
7	绝缘表	用于测量二次回路绝缘电阻。	
通用要求：测试所需的仪器、仪表、工具等，其技术性能指标应负荷相关规程的规定，测试仪准确度应高于被检测设备，应检定合格并在有效期之内。			

3.1.5 工作组织措施

人员（职责）分工	工作职责	工作人员签名
验收组负责人	(1) 正确组织本次验收工作，根据验收工作量合理安排验收时间。 (2) 负责检查验收所需要的工器具及相关材料是否齐备。 (3) 负责向验收组成员交待验收范围、验收配合人员、验收注意的事项。 (4) 负责汇总各验收人员发现的问题并记录，填写缺陷清单，并督促相关责任方进行整改，并对整改情况开展复查验收。 (5) 负责及时上报验收过程中需协调的问题。 (6) 负责验收现场全过程的生产、人身、设备安全和验收质量。 (7) 负责汇总各验收人员的测试资料，填写验收报告，在验收报告中应明确存在的问题、整改要求、验收结论等。	
验收组成员	(1) 熟悉验收内容、验收工作流程方法、注意事项，服从验收组负责人的指挥。 (2) 依据投运计划和进度要求，正确、全面、及时地完成验收工作。 (3) 依据规范和技术说明书，对装置进行验收，及时向验收组负责人汇报工作进度及存在的问题。 (4) 对验收工作质量和安全生产负有直接的责任。 (5) 相互关心工作安全，并相互监督有关安全工作规定的执行和现场安全措施的执行。 (6) 审查施工单位及安装调试单位提交的自验收报告、设备安装调试报告、变电站投产移交技术文件等文档资料，按验收细则开展设备设备测试及工程质量现场检查，确保试验项目齐全完整。 (7) 正确使用仪器仪表及工器具，防止验收时设备损坏。	
设计单位	(1) 提供完整的符合工程实际的纸质版及可编辑的电子版图纸资料。 (2) 配合现场验收，对验收发现的设计问题提出合理解决方案并及时整改。	
施工单位	(1) 提供工程设备质量检查、出厂试验、安装调试等相关文件资料及报告，提供现场验收工作所需图档资料及验收工作组检查所需的其他资料，准备现场验收工作所需的专用工器具及备品备件。 (2) 提供安全防护评估报告及电力监控系统网络安全防护实施方案。 (3) 全程配合现场验收工作，对验收发现的施工问题、缺陷及隐患及时整改。 (4) 做好验收期间的二次安全措施。	

续表

人员（职责）分工	工作职责	工作人员签名
设备供应商	(1) 现场所提供装置的硬件配置及软件版本，应与技术文件规定的一致。 (2) 提供软件工具及 IED 工程配置文件。 (3) 配合现场验收，及时解决验收中发现的设备问题。 (4) 提供设备“系统加固”报告。	

3.2　通用验收项目

3.2.1　试验报告（原始记录）及技术资料

序号	验收项目	技术标准要求	检查情况及整改要求
1	试验原始数据记录报告	调试报告必须采用手填试验数据。	
		应记录装置制造厂家、设备出厂日期、出厂编号、合格证等。	
		应记录测试仪器、仪表的名称、型号；应使用经检验合格的测试仪器（含合格有效期标签）。	
		应记录试验类别、检验工况、检验项目名称、缺陷处理情况、检验日期等。	
		应记录自动化设备的版本号及校验码等参数。	
		试验项目完整，试验数据合格（应有结论性文字表述），应包含装置二次回路绝缘电阻实测数据、光口发送及接收功率测试、光缆（含预制光缆）衰耗测试等内容，并符合相关规程规范要求。	
2	三级验收报告	应有试验负责人和试验人员及安装、调试单位主管签字并加盖调试单位公章的三级验收单。	
3	调试过程控制	调试过程控制是否满足《智能变电站二次系统标准化现场调试规范》（Q/GDW 11145—2014）附录 A.1 调试流程的规定。现场所有检查检测、调整试验、设计 / 配置变更、补充调试等，均应有详实的作业过程和管理记录。调试项目所含功能及设备应整体满足标准要求。	

续表

序号	验收项目	技术标准要求	检查情况及整改要求
4	监控信息点表	应有经各级调度相关部门审核的监控信息点表。	
5	图实相符核对工作	设计单位提供已校正的设计资料（竣工原理图、竣工安装图、技术说明书、远动信息参数表、设备和电缆清册等）。	
		制造厂提供的技术资料（设备和软件的技术说明书、操作手册、软件备份、设备合格证明、质量检测证明、软件使用许可证和出厂试验报告等）。	
		工程负责单位提供的工程资料（合同中的技术规范书、设计联络和工程协调会议纪要、工厂验收报告、现场施工调试方案、调整试验报告、遥测信息准确度和遥信信息正确性及响应时间测试记录等）。	
		调试单位已落实完成检查现场 SCD 等配置文件与归档配置文件一致的检查工作。	
		调试单位已落实完成归档现场 SCD 的系统功能及通信参数与设计文件一致的检查工作。	
		调试单位已落实完成归档现场 SCD 的虚回路配置与虚回路设计表一致的检查工作。	
6	电流互感器级次	测量用的常规 CT 绕组准确级应在 0.5 级以上，极性符合要求。	
7	竣工技术资料	智能变电站全站 SCD 文件、智能二次设备 ICD 模型文件、全站虚端子接线联系表、IED 名称和地址（IP、MAC）分配表、远动信息表、全站网络拓扑结构图、交换机端口配置图、全站链路告警信息表、装置压板设置表、IED 设备端口分配表、交换机 VLAN 划分表齐全完整，以上资料由设计和集成商厂家提供。	

3.2.2 设备外观、二次回路、光纤、网络安装及回路绝缘检查

序号	验收项目	技术标准要求	检查情况及整改要求
1	二次回路检查	1. 二次回路安装： (1) 核对电缆型号必须符合设计。 (2) 电缆号牌、芯线和所配导线的端部的回路编号应正确，字迹清晰且不易褪色。	

续表

序号	验收项目	技术标准要求	检查情况及整改要求
1	二次回路检查	(3) 芯线接线应准确、连接可靠，绝缘符合要求，盘柜内导线不应有接头，导线与电气元件间连接牢固可靠。 (4) 引入屏柜、箱内的铠装电缆应将钢带切断，切断处的端部应扎紧，电缆屏蔽层应两端可靠接地。 (5) 备用芯长度应留有适当余量（宜与最长芯长度一致或留至柜顶），备用芯应加专用护套，不应裸露线芯且穿号码管，管上标识电缆编号。 (6) 二次配线应加号码管。 (7) 装有静态保护和控制装置的屏柜的控制电缆，其屏蔽层应采用螺栓接至专用接地铜排。 (8) 每个接地螺栓上所引接的屏蔽接地线鼻不得超过2根。 (9) 电缆头应高出箱柜底部100～150mm。 (10) 交、直流回路不能合用同一根电缆。 (11) 二次设备屏内线缆孔洞应用防火泥可靠封堵。 (12) 采用1000V兆欧表对各回路对地、各回路之间的绝缘电阻进行测试，阻值应大于10MΩ。 2. 端子接线检查： (1) 每个接线端子每侧接线不得超过2根，严禁不同截面积的两芯直接并接，禁止多股线与单股线混接。 (2) 多股芯线应压接插入式铜端子后接入端子排。 (3) 电流端子采用可开断的试验端子。 (4) 控制回路端子接线跳、合闸出口端子间应由空端子隔开，正负电源间至少隔一个空端子。 3. 装置背板二次接线检查： (1) 查看背板二次接线和背板插件固定牢固可靠、无松动。 (2) 装置各插件应插拔自如、接触可靠。 (3) 插件上的焊点应光滑、无虚焊。	
2	光缆及相关附件	光缆备用芯的数量应满足要求，光缆转弯半径大于光缆外直径的20倍，光缆的弯曲内径大于70cm。	
		备用的光纤端口应戴防尘帽。	
		光缆熔接应牢固、工艺美观，光缆熔接盒位置合理、固定可靠；ODF架标签正确、齐全。	
		光纤应有标识，宜采用T型标签，标签应字迹清晰、不易褪色，内容应包括起点、终点、业务。	
		检查光纤布线及固定，走向应整齐美观。	
		光纤弯曲曲率半径大于光纤外直径的20倍，光纤跳线在屏内的弯曲内径应大于10cm，不得承受较大外力的挤压或牵引；不应存在损坏、窝折现象。	

续表

序号	验收项目	技术标准要求	检查情况及整改要求
3	网线检查	网线应有标识，宜采用T型标签，标签应字迹清晰、不易褪色，内容应包括起点、终点、业务。	
		网线的连接应完整且预留一定长度，不得承受较大外力的挤压或牵引。	
		网线应采用带屏蔽的网络线和水晶头；屏蔽层应与水晶头的金属壳接触良好。	
4	屏柜安装	查看屏柜安装牢固，无机械损伤及变形现象。	
		查看屏柜内装置固定良好，无松动现象；屏柜附件安装正确，前后门开合正常。	
		屏柜前后都应有标识，标识内容应包括屏柜名称和间隔编号，标识清晰、准确且前后一致。	
5	现场设备标识	测控装置、智能组件、录波装置应有设备识别码及标签，内容应正确、字迹清晰。	
		设备名牌应包括设备型号，电源电压，交流额定电压、电流、频率等。	
		各测控屏柜、PMU柜、网络交换机柜、通信接口屏、直流屏（含通信直流屏）、就地智能汇控柜等的空开、压板标识应清晰明确、标准规范，并逐一拉合试验确认对应关系。	
		各保护屏柜命名应符合调度命名规范，设备标识应与调度命名一致。	
		尾纤两端均应标识，粘贴位置宜选择在距尾纤插头1~2cm处。尾纤标识内容包括本侧及对侧接线信息和主要用途。	
		空气开关、压板及切换把手等应有准确、唯一的标识，并一一对应。	
		变电站自动化设备应有规范的设备标识标签，使用粘贴签粘于设备空白处，表明设备的基本信息。主要包括：设备名称、设备业务、设备IP地址/掩码/网关、设备型号、生产厂家、投运时间、运维责任单位/部门等。	
		与自动化设备连接的线缆应有规范的标签，使用旗型标识或挂式置于线缆两端起始位置，表明本端设备和对端设备的基本信息。主要包括：业务名称、起始端（屏柜名、装置名、IP地址等）、终止端（屏柜名、装置名、IP地址等）、跳转路径（可选）等。	

续表

序号	验收项目	技术标准要求	检查情况及整改要求
6	其他	智能控制柜应具备温度、湿度的采集、调节功能，并可通过智能终端 GOOSE 接口上送温度、湿度信息。	

3.2.3　自动化设备主要反措内容检查

序号	验收项目	技术标准要求	检查情况及整改要求
1	监控系统	变电站监控系统软件、应用软件升级和参数变更应经过测试并提交合格测试报告后方可投入运行。	
		改（扩）建变电站（换流站）的改（扩）建部分和原有部分应接入同一监控系统，不应采用两套或多套监控系统。	
		厂站自动化系统和设备、调度数据网等必须提前进行调试，出具调试和验收报告，并完成与调度主站联调，验收合格方可投入运行，确保与一次设备同步投入运行，投产资料文档应同步提交。	
2	对时装置	(1) 厂站测控装置应接收站内统一授时信号，具有带时标数据采集和处理功能，变化遥测数据上送阈值应满足调度要求，具备时间同步状态监测管理功能。 (2) 变电站应配置一套公用的时间同步系统，主时钟应双重化配置，另配置扩展装置实现站内所有对时设备的软硬对时。 (3) 支持北斗系统和 GPS 系统单向标准授时信号，优先采用北斗系统。 (4) 时间同步系统对时或同步范围包括监控系统站控层设备、保护及故障信息管理子站、保护装置、测控装置、故障录波装置、故障测距、相量测量装置、合并单元及站内其他智能设备等。 (5) 时间同步系统应具备 RJ45、ST、RS-232/485 等类型对时输出接口扩展功能。	
3	相量测量装置	主网 500kV（330kV）及以上厂站、220kV 枢纽变电站、大电源、电网薄弱点、通过 35kV 及以上电压等级线路并网且装机容量 40MW 及以上的风电场、光伏电站均应部署相量测量装置（PMU），其中新能源发电汇集站、直流换流站及近区厂站的相量测量装置应具备连续录波和次/超同步振荡监测功能。	

续表

序号	验收项目	技术标准要求	检查情况及整改要求
4	设备组屏	厂站数据通信网关机、相量测量装置、时间同步装置、调度数据网及安全防护设备等屏柜宜集中布置，双套配置的设备宜分屏放置且两个屏应采用独立电源供电。二次线缆的施工工艺、标识应符合相关标准和规范要求。	
5	调度数据网	(1) 220kV 及以上厂站应配置两套独立的调度数据网接入设备，每套数据网设备应分别配置接入交换机，两套调度数据网接入设备分别接入上下两级调度接入网。 (2) 110kV/35kV 厂站应至少配置一套调度数据网设备，接入所属地调接入网。对于 A+、A 类供电区域的 110kV/35kV 厂站应配置两套调度数据网设备，分别接入所属地调接入网 1、网 2。	
6	不间断电源（UPS）	调度自动化系统应采用专用的、冗余配置的不间断电源供电，UPS 单机负载率应不高于 40%。外供交流电消失后 UPS 电池满载供电时间应不小于 2h。UPS 应至少具备两路独立的交流供电电源，且每台 UPS 的供电开关应独立。	
		厂站远动装置、自动化系统及其测控单元等自动化设备应采用冗余配置的 UPS 或站内直流电源供电。具备双电源模块的设备，应由不同电源供电。	
7	电力监控系统网络安全	在电力监控系统新建、改造工作的设计阶段，工程管理单位（部门）应根据相关规定组织确定电力监控系统安全等级，提交安全防护实施方案，并通过主管部门评审。	
		接入调度数据网络的节点、设备和应用系统，其接入技术方案和安全防护措施必须经直接负责的调控机构同意，并严格执行调度数据网接入和安全策略配置管理流程，未经审批不得擅自接入。	
		电力监控系统工程建设和管理单位（部门）应按照最小化原则，采取白名单方式对安全防护设备的策略进行合理配置。电力监控系统各类主机、网络设备、安防设备、操作系统、应用系统、数据库等应采用强口令，并删除缺省账户。应按照要求对电力监控系统主机及网络设备进行安全加固，关闭空闲的硬件端口，关闭生产控制大区禁用的通用网络服务。	
		电力监控系统在设备选型及配置时，应使用国家指定部门检测认证的安全加固的操作系统和数据库，禁止选用经国家相关管理部门检测认定并通报存在漏洞和风险的系统和设备。生产控制大区中除安全接入区外，应当禁止选用具有无线通信功能的设备。	

续表

序号	验收项目	技术标准要求	检查情况及整改要求
7	电力监控系统网络安全	已投入运行的电力监控系统，应按照相关要求定期开展等级保护测评及安全防护评估工作。针对测评、评估发现的问题，应及时完成整改。	
		电力监控系统在上线投运之前、升级改造之后必须进行安全评估，不符合安全防护规定或存在严重漏洞的禁止投入运行。	
		记录电力监控系统网络运行状态、网络安全事件的日志应保存不少于 6 个月。应对用户登录本地操作系统、访问系统资源等操作进行身份认证，根据身份与权限进行访问控制，并且对操作行为进行安全审计。应建立责权匹配的用户权限划分机制，落实用户实名制和身份认证措施。严格限制生产控制大区拨号访问和远程运维。	
		厂站交换机必须关闭无须使用的端口，管理口令应为包含数字及字母的复杂型口令。	
8	厂站自动化要求	自动化厂站设备之间的通信网络线及不带铠装的光缆在电缆沟、电缆层内应采用 PVC 管等做护套，护套延伸到设备屏与电缆头齐平。	
		开关测控装置同期功能： (1) 35kV 及以上电压等级具备双端电源的开关应配置同期功能（包括检同期、检无压、准同期及线路 PT），并具备远方投退功能。永久单供终端负荷的线路，线路两侧开关可不配置同期功能（含线路 PT）。 (2) 应具备电压回路断线闭锁同期功能。	
		各厂站应将“事故总信号”传输到相关调度中心，“事故总信号”在远动机合成应具备 10 秒自动复位功能。	
9	二次设备供电	直流、逆变电源、DC/DC 通信电源两套配置时，各类负荷应均衡分配在两套电源上。	
		正常方式下负荷侧供电网禁止环路运行。	
		双供电接口的负荷设备应满足： (1) 负荷设备的双供电接口内部应采取隔离措施，双供电接口间不能有 220V/110V 电气联系。 (2) 对于双直流或双交流供电接口的自动化、通信负荷设备，在具备两段电源时应采用不同段同时供电。 (3) 具备直流 / 交流供电接口的负荷设备应采用单一电源类型供电方式，不允许同时接入直流电源和交流电源，优先采用直流电源供电。	

续表

序号	验收项目	技术标准要求	检查情况及整改要求
9	二次设备供电	负荷设备所在的屏柜应配置端子排及空气断路器，交流电源可采用专用PDU，不得直接采用插座或插排进行电源接入，电源接入线应有标识；双电源接入的端子应远离分开。	

3.2.4　信号核对检查

验收项目	技术标准要求及方法	检查情况及整改要求
信号核对	按四遥信息表与综自后台监控机进行信号核对（查是否满足信号命名和分类规范，是否存在不同类信号合并问题）。	
	按四遥信息表与调控自动化系统进行信号核对抽查，跳闸信号可结合带开关整组传动试验进行核对。	
	保护与故障录波器的联调检查结合整组传动试验进行，并核查主站能正确调阅故障录波装置录波信息。	
	保护与保护故障信息系统的联调检查结合整组传动试验进行并核查主站能正确调阅保护动作信息、保护装置录波信息等。	
	保护与网络分析仪的联调检查结合整组传动试验进行，应调阅采样值、动作信息等，并确认正常。	

3.2.5　启动前及启动期间验收

序号	验收项目	技术标准要求及方法	检查情况及整改要求
1	测控装置定值验收	检查测控同期整定定值与调度下发测控同期定值一致。	
2	测控、同步向量装置CT变比核对	（适用于变电站的CT一次设备技改、MU技改、二期扩建等）核对母差失灵保护装置内的对应线路、主变、母联间隔的CT变比或变比系数已整定正确，并与现场实际的CT变比核对一致。	

续表

序号	验收项目	技术标准要求及方法	检查情况及整改要求
3	与运行设备接入工作已完成	(适用于变电站二次设备技改、二期扩建等) 由运行维护单位保护人员逐个回路、电缆芯、光纤确认正确后，调试人员负责接入运行设备，运行维护单位保护人员全程参与监督完成接入工作。	
4	启动前二次回路及光纤的检查	(1) 投产前所有 CT、PT 二次回路及一点接地检查，防止 CT 二次开路和 PT 二次短路。 (2) 投产前所有二次回路被拆除的及临时接入的连接线是否全部恢复正常检查。 (3) 所有二次回路的硬压板、连接线、螺丝检查。 (4) 投产前所有光纤链路的检查。	
5	相量测试	(1) 对于外委工程，业主运行维护单位的保护技术人员应参与相量测试分析工作，确保相量正确无误。 (2) 查看测控装置、同步相量测量等装置和系统的采样情况；使用钳形表、数字相位表测量电流和电压。 (3) 相量测试必须进行电流变比、极性判别和电压电流相序、相位判别，还应进行电流回路 N 线不平衡电流大小测试、差动保护差流测试和记录工作。	

3.3　电力监控系统设备验收

3.3.1　监控主机（兼操作员工作站、工程师工作站）验收

序号	验收项目	技术标准要求	检查情况及整改要求
1	总体功能要求	系统应采用铃声报警，禁止采用语音报警，铃声报警根据三类事项采用不同的铃声。	
		操作员工作站应能支持各种图形、表格、曲线、柱状图、饼图等表达方式。	
		动态画面响应时间不大于 2s。	
		具备画面拷贝功能。	

续表

序号	验收项目	技术标准要求	检查情况及整改要求
1	总体功能要求	具有综自系统网络拓扑图，应配置与各间隔层设备（如测控装置、保护装置等）的通信状态一览表并实时显示系统通信状态。	
		装置、间隔置检修功能。当间隔检修时，能屏蔽相关间隔信号的报警，从而不干扰运行人员监盘。间隔检修信号应在检修窗口显示。	
		事故打印和 SOE 打印功能检查；操作打印功能检查；运行日报打印功能检查。	
		具备告警解除功能。	
		系统应与授时时钟同步。	
		具备时间同步管理功能：测控装置等自动化设备被测时间同步装置应具有状态在线监测功能，并上送监控主机时间同步状态信息。调度主站与厂站的时间同步监测精度应小于 10ms，厂站内部时间同步监测精度应小于 3ms。	
		监控主机 CPU 正常负载率低于 30%。	
		监控主机操作系统应使用安全操作系统，禁止使用 Windows 系统。	
		具备调控中心控制、站控层控制、间隔层设备控制、设备本体就地操作的控制切换功能，四种控制级别间应相互闭锁，同一时刻只允许一级控制，就地应具有最高控制级，调控中心主站的控制级最低。	
		遥控操作不允许在主界面进行。	
		遥控操作具有编号验证、操作人验证、监护人验证功能 。	
		当进入遥控功能后，超过设定 30s 延时的时间后自动取消该次遥控。	
		从操作员工作站发出操作执行指令到现场设备状态变位信号返回总的时间不大于 2s。	
		现场遥信变位到操作员工作站显示所需时间不大于 1s。	
		现场遥测变位到操作员工作站显示所需时间不大于 2s。	
		变电站主要设备动作次数统计记录检查；电压、有功、无功、年月日最大、最小值记录功能检查；历史数据库内容查询功能检查；历史事件（操作事件、报警事件、SOE 事件等）内容查询功能检查；测控装置的遥控和遥调出口动作记录功能检查。	

续表

序号	验收项目	技术标准要求	检查情况及整改要求
1	总体功能要求	设备命名编号按照调度最新命编文件执行，图形画面布局、着色合理，信息命名与实际一致，信息显示正确，画面刷新满足规范要求，监控主机画面应满足《变电站监控系统图形界面规范》(Q/GDW 11162—2014) 要求。	
		所有操作员工作站、工程师站数据库应同步，确保一致性。	
		监控主机电源按双电源配置，两路电源分别由不同的不间断电源供电。	
		断开监控主机任一路电源，设备仍能正常运行，相应的电源故障告警指示灯正确反应。	
		接入网络安全监测装置的主机，探针程序白名单应遵循“最小化”原则配置，不应存在大范围的 IP 地址及端口，若现场实际存在大范围连续 IP 地址，应将设备 IP 地址明细表及相关说明发送至主站。	
		接入网络安全监测装置的主机探针程序配置白名单时，不得将高、中危端口列入白名单；配置完成后应模拟告警与主站进行核对。	
		监控主机与站内时钟同步装置采用 SNTP 协议对时，时间显示正确；修改监控主机时间，能在 5min 内恢复正确时间。	
2	遥信功能和软报文检测	信号采集、分类相关标准的要求。	
		根据设计遥信图纸，按照实际模拟从现场源头模拟硬接点开闭合进行验收所有信号应正确无误地在操作员工作站上反应，光字牌名称正确，闪烁正确，报警内容正确，响铃响笛正确，具备差动 CT 断线独立光字牌。	
		对测控装置实际加量模拟检查，操作员工作站对应软报文光字牌名称正确，闪烁正确，报警内容正确，响铃响笛正确。	
		开关单相跳闸时，开关单项位置、总位置正确变位。	
3	遥测准确性和精度检测	检查操作员站各遥测值点 (含线路潮流及其方向) 是否与现场一致。	
		电压电流误差应不超过 0.2%。	
		功率误差应不超过 0.5%。	
		频率误差不超过 0.01Hz。	
		直流量误差应不超过 0.5%。	
		温度误差不超过 3℃。	

续表

序号	验收项目	技术标准要求	检查情况及整改要求
4	遥控操作检测	对现场刀闸、开关、档位等设备进行实际操作，核对其接线图的标示正确、闪烁正确、报警内容正确、响铃响笛正确。	
		断路器检同期、检无压和强制合闸满足条件时正常出口，否则不能出口。	
		对测控装置的软压板投退的遥控操作，核对其图标的标示正确、闪烁正确、报警内容正确、响铃响笛正确。	
		对继电保护装置的软压板投退的遥控操作，核对其图标的标示正确、闪烁正确、报警内容正确、响铃响笛正确。	
5	双网切换检测	将 A 网断开，确认 B 网的遥测、遥信、遥控功能正常。	
6	报表和曲线检测	监控主机日报表、月报表、年报表表格填写关联正确；实时曲线、历史曲线填写关联正确，报表调用应方便快捷。	
7	报警功能	测量值越限报警。	
		测控装置及保护装置等通信接口故障和网络故障报警，GOOSE 断链报警，SV 断链报警，各级交换机故障报警。	
		报警历史查询。	
8	权限功能检查	系统设置，具备增加、删除用户组及用户权限、密码修改功能。	
		具备设置操作员、监护员、管理员等不同用户权限的功能。	
9	系统自诊断功能	主机退出运行，监控系统自动切换到备机运行。	
		核对主、备机实时数据库数据一致。	
		退出某一进程，查看监控主机有报警或进程能够自动重启。	
10	告警直传功能检查	检查告警直传信号应按“事故 / 异常 / 越限 / 变位 / 告知”分类。	
		调阅告警直传文本信息，应按调度相关规范要求按级别、时间、设备、事件进行描述。	
		检查告警直传信号与后台告警信息一致。	
		检查告警直传信号上送调度端信息一致。	
		检查通信等相关参数配置应正确。	
11	远程浏览功能检查	检查通信等相关参数配置应正确。	
		联系调度端调阅变电站监控画面，画面应切换方便、便捷。	

续表

序号	验收项目	技术标准要求	检查情况及整改要求
11	远程浏览功能检查	支持多客户端同时链接浏览画面，用户数应满足要求。	
		检查通信等相关参数配置应正确。	
12	顺控功能检测（此功能由运维部门完成）	设备态查看及更新：在画面上能够查看设备的当前状态，并能根据条件的变化更新运行、热备用、冷备用、检修四种状态。	
		顺控票生成及查看： (1) 能够指定源态、目标态，生成相应的顺控票。 (2) 在画面上能够根据指定的源态目标态调取顺控票，调取操作票成功后，在操作项列表中显示该任务所有的操作项信息，在程序化操作对话框状态信息栏中显示状态信息。	
		顺控票预演：在画面上指定源态、目标态，调取顺控票，点击“预演”按钮开始对操作票进行自动预演。预演过程中如果执行前条件、确认条件或五防规则不满足应终止预演并提示用户。操作票预演成功后进入等待执行状态。	
		顺控票执行： (1) 操作票预演成功后，“执行”按钮变为可用，点击“执行”按钮开始执行。执行过程中如果执行前条件、确认条件或五防规则不满足应终止执行并提示用户。执行成功后任务列表中的任务以及所有的操作项应能标识执行成功。 (2) 与现场一次设备、二次设备顺控操作核对一致性。	
		组合票生成及查看： (1) 能够组合多张多个间隔典型顺控操作票，拼接成一张顺控总票，生成母线间隔转态、联变间隔转态、单间隔连续转态的组合顺控票。 (2) 调取组合顺控操作票，在操作项列表中显示该任务所有的操作项信息，在程序化操作对话框状态信息栏显示状态信息。	
		组合票预演：调取组合票，点击“预演”按钮开始对操作票进行自动预演。预演过程中如果执行前条件、确认条件或五防规则不满足应终止预演并提示用户。操作票预演成功后进入等待执行状态。	
		组合票执行： (1) 操作票预演成功后，“执行”按钮变为可用，点击“执行”按钮开始执行。执行过程中如果执行前条件、确认条件或五防规则不满足应终止执行并提示用户。执行成功后任务列表中的任务以及所有的操作项应能标识执行成功。 (2) 与现场一次设备、二次设备顺控操作核对一致性。	
		急停功能：在顺控过程中，点击“急停”按钮停止顺控。	

续表

序号	验收项目	技术标准要求	检查情况及整改要求
12	顺控功能检测（此功能由运维部门完成）	五防规则不满足功能： (1) 在五防规则不满足的情况下，进行顺控票的预演，预演过程应被闭锁。 (2) 在五防规则不满足的情况下，进行顺控票的执行，执行过程应被闭锁。	
		操作唯一性安全校验： (1) 在顺控操作的过程中，再执行其他新顺控操作，应闭锁新顺控操作，只允许一方进行顺控操作。 (2) 在顺控操作的过程中，再执行其他遥控操作，应闭锁遥控操作，只允许一方进行顺控操作。 (3) 在其他遥控操作的过程中，再执行顺控操作，应闭锁顺控操作。	

3.3.2　数据服务器验收

序号	验收项目	技术标准要求	检查情况及整改要求
1	总体功能要求	数据服务器电源按双电源配置，两路电源分别由不同的不间断电源供电。	
		断开数据服务器任一路电源，设备仍能正常运行，相应的电源故障告警指示灯正确反应。	
		数据服务器与站内时钟同步装置采用 SNTP 协议对时，时间显示正确；修改监控主机时间，能在 5min 内恢复正确时间。	
		调阅历史数据，服务器响应及时，数据存储容量留有一定裕度。	
		显示器固定牢固，画面清晰。	
2	硬件配置检查	数据库容量满足变电站远景规模的需要，并留有一定的裕度。	
		数据服务器硬盘应按 RAID 方式冗余配置，磁盘容量应具有至少保存 2 年历史数据的存储能力。	

3.3.3　综合应用服务器验收

序号	验收项目	技术标准要求	检查情况及整改要求
1	总体功能要求	综合应用服务器电源按双电源配置，两路电源分别由不同的不间断电源供电。	
		断开综合应用服务器任一路电源，设备仍能正常运行，相应的电源故障告警指示灯正确反应。	
		综合应用服务器与站内时钟同步装置采用 SNTP 协议对时，时间显示正确；修改监控主机时间，能在 5min 内恢复正确时间。	
		调阅历史数据，服务器响应及时，数据存储容量留有一定裕度。	
		调阅综合应用服务器运行界面，具有变电站设备状态在监测等信息接入功能。	
2	硬件配置检查	数据库容量满足变电站远景规模的需要，并留有一定的裕度。	
		综合应用服务器硬盘应按 RAID 方式冗余配置，磁盘容量应具有至少保存 2 年历史数据的存储能力。	

3.3.4　远动装置验收

序号	验收项目	技术标准要求	检查情况及整改要求
1	总体功能要求	与主站通信的通道至少有两条独立的物理路由通道。	
		具有双机切换功能，主备机切换应可靠快速，切换时间不大于 20s。	
		具有通道切换功能，通道故障时能顺利切换和恢复，恢复时间不大于 10s。	
		调控主站主调、备调应分别与变电站远动 A 机、B 机进行功能联调。	
		装置时间应与授时时钟同步。	
		两台设备由不同的两路直流电源供电，且与物理路由通道设备供电对应，不可交叉。	
		远动装置失电后告警信息应能上送调控主站。	

续表

序号	验收项目	技术标准要求	检查情况及整改要求
1	总体功能要求	重启远动装置，检查初始化期间不响应主站数据传输启动请求、不主动上送无效数据；初始化结束后能与调度端、间隔层设备建立通信链接，数据通信正常。	
		通过远动组态工具，检查通信等相关参数配置应正确。	
2	遥信传输检测	核对遥信传输，要求调度主站信息表与现场远动装置转发信息表一致；遥信变位从现场变位到主站时间不大于3s。	
3	遥测传输检测	核对遥测传输，要求调度主站与现场一致性；遥测信息从实际变化到反映到调度端的传送时间不大于4s。	
		应以浮点数报文格式传送工程实际值。	
		遥测死区设定满足电压 / 电流 / 功率 / 频率等的0.1%（可设置为非“零”最小值）。	
4	遥控操作检测	仅限于调控一体站，检测主站操作的正确性；从调控一体操作员工作站发出操作执行指令到现场设备状态变位信号返回总的时间不大于4s，断路器和隔离刀闸遥控功能检查，软压板和装置复归遥控功能检查；主变分接头升降检查。	
5	事故总核对	调度主站能正确接收到现场跳闸、重合闸所产生的事故总信号；全站事故总应由间隔事故总信号采用“或逻辑”合并，且保持10s后自动复归。	
		间隔事故总信号优先选择操作箱开关异常跳闸信号（如手合继电器KKJ与跳闸位置继电器TWJ接点串联输出）；对于无法实现采用操作箱开关异常跳闸信号的，可采用保护出口跳开关动作信号“或逻辑”计算得到，但禁止将保护启动、设备异常等信号合并到事故总公式中，造成事故总信号误发或者事故时漏发。	
		模拟间隔事故触发全站事故总信号，信号能正常动作。	
		间隔事故总的防抖时间设置时间应大于20ms以上。	
6	SOE核对	调度主站接收到SOE应与现场遥信SOE一致，远动装置的SOE分辨率不大于2ms。	

3.3.5　测控装置验收

3.3.5.1　功能规范检查

序号	验收项目	技术标准要求	检查情况及整改要求
1	同期闭锁功能	需要断路器实现检同期 / 无压合闸的测控装置，应具备本间隔出线 PT 空开跳开闭锁检无压合闸的回路的功能（3/2 接线中断路器应考虑两侧 PT 空开接点）。	
		3/2 接线的断路器测控装置应接收两侧主变 / 线路间隔 PT 合并单元电压用于检同期功能。	
2	五防功能	断路器、刀闸远方 / 就地合闸回路应受测控五防 DOB 接点闭锁。	
3	就地操作功能	若需要在测控屏进行一次设备操作（非装置面板操作），宜配置“远方 / 就地”“合 / 分”“同期 / 无压 / 不检”把手。	
4	电源要求	装置直流和遥信直流电源应分开，并经不同空开控制。	
5	对时功能检查	测控装置对时应正确，对时信号源消失时，装置应能正确告警。	

3.3.5.2　测控装置单体调试验收

序号	验收项目	技术标准要求及方法	检查情况及整改要求
1	装置软件版本检查	检查装置软件版本、程序校验码、制造厂家等。	
2	上电检查	电源检查：直流电源输入 80%Ue 和 115%Ue 下，电源输出稳定，拉合装置电源，装置无异常。	
		无异常报警。	
		定值整定功能：定值输入和固化功能、失电保护功能、定值区切换功能正常。	
		压板投退功能：功能软压板及 GOOSE 出口软压板投退正常；检修硬压板功能正常。	
		对时功能测试：检查装置的时钟与时间同步装置时钟一致。	
3	光功率检查	SV 采样端口、直跳端口、GOOSE 端口的光功率检查，包括光纤接收功率、光纤灵敏接收功率、光纤输出功率，要求光功率裕度大于 5dBm。	

续表

序号	验收项目	技术标准要求及方法	检查情况及整改要求
4	通信检查	MMS 网络通信检查： (1) 检查站控层各功能主站（包括录波）与该测控装置通信正常，能够正确发送和接收相应的数据。 (2) 检查网络断线时，测控装置和操作员站检出通信故障的功能。	
		GOOSE 网络通信检查： (1) GOOSE 连接检查装置与 GOOSE 网络通信正常，可以正确发送、接收到相关的 GOOSE 信息。 (2) GOOSE 网络断线和恢复时，故障报警和复归时间小于 15s。	
		SV 采样网络通信检查：装置与合并单元通信正常，可以正确接收到相关的采样信息。	
5	压板检查	软压板命名应规范，并与设计图纸一致 。	
		进行软压板唯一性检查。	
6	SV 数据采集精度及采样异常闭锁试验	测控装置的采样零漂、精度及线性度检查；每个采样通道的试验数据均应在允许范围。	
		当 SV 采样值无效位为“1”时，模拟测控动作，应闭锁相关测控。	
7	检修状态检查	无论本装置检修状态与接收 GOOSE 报文的检修位是否一致，装置正常处理。	
		无论本装置检修状态与接收 SV 报文的检修位是否一致，装置正常处理。	
		本装置投入检修后，发送的所有 GOOSE 报文检修位置“1”。	
		本装置投入检修状态时应将 MMS 报文置检修标志，操作员站仅在检修窗口显示相关报文。	
8	开入、开出量检查	硬接点开入、开出检查，要求与设计图纸一致，功能正常。	
		装置的 GOOSE 虚端子开入、开出应与设计图纸、SCD 文件一致。	
9	遥信开入光耦动作电压检查	进行遥信光耦动作电压测试，动作电压应在额定电压的 55%~70%。	
10	遥测精度检验	从现场测控装置实际通流通压，检查测控装置液晶面板上的遥测值误差：电压电流误差应不超过 0.2%，功率误差应不超过 0.5%，频率误差不超过 0.01Hz，温度误差不超过 3℃。	

续表

序号	验收项目	技术标准要求及方法	检查情况及整改要求
11	遥测精度检验（适用于公用测控装置）	从现场测控装置实际通压，检查测控装置液晶面板上的遥测值误差：电压误差应不超过 0.2%，频率误差不超过 0.01Hz。	
12	同期及定值检查	(1) 检无压闭锁试验。 (2) 压差定值试验。 (3) 频差定值试验。 (4) 角差定值试验。	
13	同期切换模式检查	(1) 禁止检同期和检无压模式自动切换。 (2) 同期电压回路断线报警和闭锁同期功能。	
14	转换把手和软压板标识检查	转换把手、压板标示应规范、完整（双重编号、专用标签带），并与图纸一致。	
15	功能联调试验	整组传动及相关 GOOSE 配置检查：动作情况应和测控装置出口要求和设计院的 GOOSE 虚端子连接图（表）一致。	
		检修状态配合检查：进行每一个试验都需检查全站所有间隔的动作情况，无关间隔不应误动或误启动。	

3.3.6　时间同步系统验收

序号	验收项目	技术标准要求	检查情况及整改要求
1	总体功能要求	主时钟满足双机冗余配置的全站统一时钟装置，实现对站内各系统和设备的统一授时管理，站内时钟装置应支持北斗和 GPS 对时，并优先采用北斗对时；断开北斗卫星信号源输入，主时钟应自动切换为 GPS 卫星信号源输入状态，反之亦然；双时钟互备状态下，主时钟 A 两个信号源同时断开，信号源应自动切换为主时钟 B 的输出信号，反之亦然。	
2	精度要求	主时钟和扩展时钟单元对时和守时精度数据符合相关规定，满足≤ 1μs。可查看试验报告、产品说明书。	
3	对时要求	具备网络对时功能、光 B 码对时功能和差分 B 码对时功能，满足现场设备授时需求。站控层设备对时应采用 SNTP 方式；间隔层设备对时应采用电 IRIG-B 方式；过程层设备对时应采用光 IRIG-B 方式。	
4	信号要求	具有失步、装置告警等相应的故障信号，并正确上送监控系统。	

续表

序号	验收项目	技术标准要求	检查情况及整改要求
5	天线安装要求	户外天线外观完好无破破损、安装位置周边无遮挡，安装牢固。	
		查看接收装置天线接口连接牢固，天线两端接头不应松动、脱落，天线带防雷器，防雷器外壳应可靠接地。	
6	时间同步要求	时钟同步系统应采用独立的时钟，同步监测模块用于监测时钟同步装置及被授时设备的时钟同步状态。变电站监控系统监测管理站内主要二次设备的时间同步状况。调度主站与厂站的时间同步监测精度应小于10ms，厂站内部时间同步监测精度应小于3ms。	
7	扩展时钟功能要求	双主时钟配置模式下，切断其中任一路IRIG–B码输入，对应告警灯应点亮，扩展时钟应能自动切换至另一路输入。断开扩展时钟装置电源，装置失电或故障信号输出正确。	

3.3.7 同步相量测量系统验收

序号	验收项目	技术标准要求	检查情况及整改要求
1	总体功能要求	与主站通信的通道至少有两条独立的物理路由通道。	
		电源中断不影响已记录数据存储。	
		动态数据保存时间不少于14天。	
		通过配置工具打开PMU配置文件，查看配置信息中间隔命名、变比等参数与PMU信息接入清单一致，查看各通道IP地址、端口号等通信参数与调度下发的PMU信息接入申请单一致。	
		同步相量测量装置采用变电站时间同步装置输出的时间同步信号作为数据采集的基准时间源。	
		同步相量测量系统具备在线自动检测功能，运行期间，其中一部件损坏时，发出装置异常信号；CT/PT断线、直流电源消失、装置故障告警信号在失去外部电源情况下不能丢失。	
2	PMU装置静态精度检测	电压零漂小于0.05V，电流零漂小于0.05A。	
		电压：幅值测量误差≤0.2%；相角测量误差（0.1~0.5倍额定电压、1.2~2倍额定电压时≤0.5°；0.5~1.2倍额定电压时≤0.2°）。	

续表

序号	验收项目	技术标准要求	检查情况及整改要求
2	PMU 装置静态精度检测	电流：幅值测量误差≤ 0.2%；相角测量误差（0.1~0.2 倍额定电流时≤ 1°；0.2~2 倍额定电流时≤ 0.5°）。	
		功率：有功无功测量误差≤ 0.5%。	
		频率：测量误差≤ 0.002Hz。	
3	定值检查	定值按照《电力系统同步相量测量装置检测规范》(GB 26862—2011) 执行。	
4	PMU 装置对时性能检查	人工修改 PMU 时钟，观察时间是否能够恢复正常。	
		装置守时精度：当同步时间信号丢失或异常时，相角在 60 分钟内误差≤ 1°。	
5	PMU 装置告警检查	直流电源消失。	
		装置故障。	
		通信异常。	
		GPS 失步。	
6	与调控主站联调	检查 PMU 与主站通信正常。	
		核对 PMU 信息表和 PMU 装置参数设置的完整及正确，包括：线路名、变比、IP 地址、端口号、初相角等。	
		数据流管道、管理管道和离线数据管道相分离，端口分别为 2501、2502、2503(具体视调度下发的配置要求而定)。	
		与调控主站值班人员核对现场修改信息一致性：各间隔电压、电流、功率和功角。	
		按照上述内容与相关调度中心系统主站端联调测试。	

3.3.8 监控系统专用电力不间断电源

序号	验收项目	技术标准要求	检查情况及整改要求
1	总体功能要求	两台 UPS 分列运行。	
		办公室计算机、打印机等非监控系统设备不应接入监控系统电力不间断电源。	

续表

序号	验收项目	技术标准要求	检查情况及整改要求
2	输出电源检查	检查逆变电源输出母线电压，输出电压范围为 $220\times(1\pm2\%)$ V，输出频率为 $50\times(1\pm0.1\%)$ Hz。	
3	负载率检查	逆变电源负载率均应小于40%。	
4	告警功能检查	拉开UPS输入开关，检查监控后台相关告警光字牌正确动作。	
		交流馈线断路器脱口，检查监控后台相关告警光字牌正确动作。	
5	切换时间	交流供电与直流供电相互切换的切换时间应为0ms。旁路输出与逆变输出相互切换的切换时间应不大于4ms，切换过程中负载不应失电。	
6	保护功能	当交流输入过压或欠压时，交流不间断电源装置应具有自动切换为直流供电功能，同时发出告警信号，输入恢复正常后应能自动恢复原工作状态。	
		当直流输入欠压时，交流不间断电源装置和逆变电源装置应首先发出告警信号，再欠压后交流不间断电源输出应能自动切换为旁路供电，故障排除后应能自动恢复正常工作。	

3.3.9 调度数据网及安全防护设备验收

序号	验收项目	技术标准要求	检查情况及整改要求
1	总体功能要求	具有冗余的网络设备，电源冗余、链路冗余测试满足要求。	
		省、地接入网设备电源应独立，网络设备与各业务系统不可交叉供电。双电源设备应分别接入两路不同电源点供电。	
		现场禁用排插，所有设备均需接入屏柜上方空开（或PDU），并按省、地接入网分开接入。	
2	调度数据网交换机	交换机应采用双模块交流供电的工业级交换机，交换机断电重启后，系统应能恢复正常。	
		交换机应采用国产交换机。	
		应备份配置电子文档。	
		用户与口令：设置密码认证登录、对用户管理方面按要求进行配置，密码强度应符合要求，用户应按角色分配权限。	

续表

序号	验收项目	技术标准要求	检查情况及整改要求
2	调度数据网交换机	设备管理：对本地管理、远程管理、限制 IP 访问、登录超时等方面按要求进行配置。	
		网络服务：对网路服务的开启情况进行检查配置。	
		安全防护：对设备登录 banner 信息、ACL 访问控制列表、空闲端口管理、mac 地址绑定、ntp 服务等方面按要求进行配置。	
		日志与审计：对 SNMP 协议安全、日志审计等方面按要求进行配置。	
3	调度数据网路由器	路由器应采用国家指定机构检测的电力专用设备。	
		核查包括2M链路的建立、OSPF及BGP邻居的建立、MPLS VPN 标签的封装、管理地址设定、SNMP 网管设定、业务网段设定等。	
		应备份配置电子文档。	
		用户与口令：设置密码认证登录、对用户管理方面按要求进行配置，密码强度应符合要求，用户应按角色分配权限。	
		设备管理：对本地管理、远程管理、限制 IP 访问、登录超时等方面按要求进行配置。	
		网络服务：对网路服务的开启情况进行检查配置。	
		安全防护：对设备登录 banner 信息、ACL 访问控制列表、空闲端口管理、mac 地址绑定、ntp 服务等方面按要求进行配置。	
		日志与审计：对 SNMP 协议安全、日志审计等方面按要求进行配置。	
4	纵向加密认证装置	纵向加密认证设备应采用国家指定机构检测的电力专用设备。	
		应使用 SM2 算法，支持强校验。	
		进入配置界面检查业务隧道已建立。	
		业务策略与隧道对应且配置正确，查看安全策略应按照实际业务细化到相关业务系统具体的 IP 地址、业务端口号和连接方向（ICMP 除外），隧道应处于密通。	
		仅开放 TCP、ICMP 通信协议。	
		缺省策略选择“纵向加密认证装置隧道策略未配置时默认丢弃所有数据”。	

续表

序号	验收项目	技术标准要求	检查情况及整改要求
4	纵向加密认证装置	应备份配置电子文档。	
		装置与管理中心通信应正常，远程管理正常。	

3.3.10 网络安全监测装置验收

序号	验收项目	技术标准要求	检查情况及整改要求
1	总体功能要求	Ⅱ型网络安全监测装置应能够接入100个监测对象。	
		Ⅱ型网络安全监测装置应部署在安全Ⅰ、Ⅱ区，如只有1台装置应部署在安全Ⅱ区。	
		应具备不少于4个自适应以太网电口（支持网口扩展），采用RJ45接口。	
		应支持上传事件信息本地存储，保存至少一年的事件信息。	
		应支持采集信息的本地储存，保存至少半年的采集信息。	
		采用双路直流电源独立供电，任一回路电源中断不造成装置故障或重启。	
		电源模块失电信号应有硬接点输出。	
		Ⅱ型网络安全监测装置应采用1U整层机箱。	
2	时钟同步	应支持IRIG-B码或SNTP对时方式。	
		应具备守时功能。在没有外部时钟源校正时，24小时守时误差应不超过1s。	
3	通信功能	与服务器、工作站设备通信：应支持采用自定义TCP协议与服务器、工作站等设备进行通信，实现对服务器、工作站等设备的信息采集与命令控制。	
		与数据库通信：应支持通过消息总线功能接收数据库设备事件信息。	
		与网络设备通信： (1) 应支持通过SNMP协议主动从交换机获取所需信息； (2) 应支持通过SNMP TRAP协议被动接收交换机事件信息； (3) 应采用SNMP、SNMP TRAP V3版本与交换机进行通信； (4) 应支持通过日志协议采集交换机信息。	

续表

序号	验收项目	技术标准要求	检查情况及整改要求
3	通信功能	与安全防护设备通信：应支持通过 GB/T 31992 协议采集安全防护设备信息。	
		与管理平台通信：事件信息上传通信应采用 DL/T 634.5104 通信协议，网络安全监测装置作为客户端，应采用自定义的报文类型；TCP 连接建立后，应首先进行基于调度数字证书的双向身份认证，认证通过后才能进行事件上传。应只与网络安全管理平台建立一条 TCP 连接。	
4	安全要求	本机网络连接白名单源或目标地址为本机 IP 地址，端口范围 1024~65535、8800、8801、9092。	
		网络连接白名单中只允许配置与本机业务正常通信的业务地址，且端口范围为 1024~65535。	
		服务端口白名单中只允许配置与本机业务正常调用的服务端口，且端口范围为 1024~65535。	
		应不使用 HTTP、HTTPS 协议进行通信。	
		危险操作定义配置中需添加 rm、reboot、shutdown、init、restart、kill、pkill、poweroff、format 等危险操作命令。	
5	配置要求	“网卡配置”或“接口配置”掩码地址按照最小化原则配置，未使用网卡禁止配置 IP 地址。	
		“路由配置”目的网段和掩码必须按照相应数据网 IP 地址分配原则最小化配置，仅添加所属调度机构网络安全管理平台地址。	
		设置为北京时区，并采用 B 码对时与所属安全区时钟服务器或时间同步装置保持同步。	
		信息事件通过双接入网上送所属调度机构网络安全管理平台。	
		CPU 利用率、内存使用率、磁盘空间使用率、网口流量越权等上限阈值为 80%。	
		归并事件归并周期默认值 60s。	
		历史事件上报分界时间参数默认值 30s。	

3.3.11 电力监控系统网络安全防护验收

序号	验收项目	技术标准要求	检查情况及整改要求
1	基础设施物理安全	机房等基础设施应具有防窃、防火、防水、防破坏等物理安全防护措施。	
		温湿度监控：机房应有温湿度监控设备，在温湿度异常的情况下可及时告警。	
		通信设备应具备 N–1 安全运行要求：光端机设备、SDH 设备、核心网络交换机、路由器，以及其他重要网络通信设备应满足冗余配置要求。	
		设备空闲网口及 USB 口应物理封堵。	
2	口令管理	禁用缺省用户名和口令（不能禁用的应更改）。	
		口令长度不得小于 8 个字符，且由大写字母、小写字母、数字和特殊字符中的三类字符混合组成，口令不得与用户名相同。	
		设备自身禁止口令明文存储，使用第三方介质存储口令应加密存储。	
		配置口令应至多 90 天过期进行更换。	
3	账户管理	禁用超级管理账号、默认账号。	
		配置“三权分立”账号，实现系统管理、网络管理、安全审计用户的权限分离，至少配置管理员、审计员两种用户。系统管理员负责创建权限对象包括操作权限、角色、用户等，安全管理员负责关联权限对象，审计管理员负责管理系统审计信息。	
4	本地管理	对于通过本地 Console 口进行维护的设备，应采用用户名 + 口令方式进行认证。	
5	远程管理	对于使用 IP 协议进行远程维护的设备，应使用 SSH 或 HTTPS 等安全传输协议实施远程管理，提高设备管理安全性。控制区配置 SSH 协议，非控制区配置 SSH 或 HTTPS 协议。	
6	安全分区	严禁使用远程运维。	
		检查二次设备 IP 地址，不同安全区 IP 地址应在不同网段。	
		业务系统应按照国家发展和改革委员会令 2014 年第 14 号《电力监控系统安全防护规定》、国能安全〔2015〕36 号《电力监控系统网络安全防护总体方案》进行分区。	
		对照系统结构图，检查Ⅲ区实时监视功能（实时 WEB）的具体实现方式，严禁存在跨区直连或移动介质交换数据。	
		安全Ⅰ、Ⅱ区之间的网络连接关系，应经防火墙隔离。同一安全	

续表

序号	验收项目	技术标准要求	检查情况及整改要求
6	安全分区	区内存在多个业务系统时，可共用或独立部署防火墙。	
		安全Ⅰ、Ⅱ与Ⅲ / Ⅳ区之间的网络连接关系，应经正反向隔离装置隔离。	
		严禁使用互联网或其他类型的公共网络；严禁使用短信收发系统；短信收发系统严禁将内部网络和外部网络互连。	
		生产电脑严禁使用无线网络。	
		生产控制大区的计算机设备与互联网相连混用。	
7	网络专用	检查调度数据网网络设备的安全配置，调度数据网的路由器、交换机、纵向加密认证装置安全防护详见“3.3.9 调度数据网及安全防护设备验收”部分。	
8	横向隔离	系统横向边界安全防护应采用正反向隔离装置，设备应投入运行，正常使用。	
		检查正反向隔离装置策略配置情况： (1) 应修改默认口令，密码强度应符合要求。 (2) 内外网地址配置、端口设备、传输规则应配置正确。 (3) 策略配置应备份。	
9	纵向加密	纵向加密认证装置安全防护详见“3.3.9 调度数据网及安全防护设备验收”部分。	
10	防火墙和入侵检测	检查访问控制策略应使用白名单方式，严禁存在源地址、目的地址或端口为空或 any 的情况。	
		检查访问控制策略地址、端口配置范围严禁过宽，应对地址端、端口端进行定义。如单条策略配置的源地址、目的地址或端口端未进行定义且范围大于 1 个，应访谈并检查有相关的设计、说明文档明确策略开通的目的。	
		防火墙安全域将级别较高安全区配置为受信区域（trust），其他区依次配置为非受信区域（untrust）。	
		防火墙配置源、目的 IP 地址，只开放业务应用所需 IP 地址。	
		防火墙配置源、目的端口，只开放业务应用端口，且业务应用端口应禁用 20、21、23、80、137、138、139、445 等非安全通用端口。对于端口随机变动的可限定端口范围，端口范围应在 1024~65535。	
		防火墙配置服务仅开放 TCP、ICMP、NTP、V2 版本及以上 snmp 服务，禁止开放 FTP、DHCP、Telnet、DNS、rsh、rlogin、SMTP 等非安全通用服务。	

续表

序号	验收项目	技术标准要求	检查情况及整改要求
10	防火墙和入侵检测	防火墙应配置日志服务器即网络安全监测装置地址、端口（514），日志应保存不少于6个月。	
		防火墙应启用IP白名单策略，禁止非业务应用IP地址通过。	
		检查防火墙及入侵检测配置，明确防火墙访问控制规则必须应用到端口或者安全域中。防火墙、入侵检测应支持接入网络安全监测装置（Ⅱ型）。	
11	边界完整性管理	禁止在生产控制大区私自进行内联、外联的行为。	
12	主机加固	查看相关安全检测证明；现场记录设备型号及固件版本号，比较国家披露信息确认是否存在安全隐患。	
		使用漏洞扫描装置检测主机无中、高危漏洞。检查是否存在高危端口。	
		现场检查设备空闲端口应关闭：通过向现场网络设备接入安全的终端设备，检查设备空闲端口已经关闭。	
		现场检查主机USB、光驱等接口封闭情况：除必须使用的鼠标键盘端口外，主机USB端口均已封闭，光驱设备已经封闭。	
		现场核查保信子站、故障录波系统、安全自动装置、控制保护设备等电力监控系统，严禁存在使用非安全操作系统。	
		现场核查非安全操作系统设备应已采取加固： (1) 关闭不需要的系统通用服务。 (2) 部署防止恶意代码软件功能，病毒库、木马库、规则库应经过安全检测并应离线进行更新。 (3) 检查用户及密码情况，不存在系统无关的用户名，密码满足安全要求。	
		检查操作系统严禁开启E-mail、Web、FTP、Telnet、rsh等不必要的通用网络服务。	
		检查密码管理情况： (1) 操作系统、数据库管理员等口令应由专人管理。 (2) 通过自动化运维工作站，上机查看配置文件，检查设置口令复杂度（令长度不得小于8位，且为字母、数字或特殊字符的混合组合，用户名和口令不得相同）、口令更换周期（三个月更换一次）、登录失败次数限制（失败5次锁定账号）、密码加密传输及加密存储等配置。	

续表

序号	验收项目	技术标准要求	检查情况及整改要求
12	主机加固	系统涉及的专用终端应经过安全加固，加固内容不限于系统补丁、账户与口令、安全防护措施、日志与审计。	
		检查系统用户分配情况： (1) 账户分配情况（通常系统应只具备以下账户类型：审计员账号、系统专责账号、业务配置员账号、普通用户账号）。 (2) 检查每台主机用户分配情况。	
		检查系统是否存在弱口令： (1) SCADA 服务器、数据服务器、工作站、告警直传服务器等严禁存在弱口令。 (2) 使用弱口令扫描工具，查看系统是否存在弱口令。	
13	安全防护评估	应具备第三方出具的信息系统安全等级保护测评正式报告，并在 1 个月内在相关公安机关报备。	
14	最新标准	安全防护更新部分按照国家和上级最新文件标准执行。	

3.4　验收工作结束

序号	内容	要求	确认（√）
1	验收结束	确认所有缺陷均已闭环。	
		验收工作结束后应删除临时账号、临时数据，并修改系统默认账号和默认口令。	
		提交验收报告。	

3.5 归档资料清单

(1) 缺陷清单

(2) 网络拓扑图

(3) 试验报告

(4) 安全防护评估报告

(5) 自动化设备清单

(6) 网络安全防护实施方案

(7) 设备信息清单

第 4 章　厂站电力监控系统网络安全防护技术监督检查作业标准化指导书

电力监控系统网络安全防护技术监督是电力生产技术管理的有效措施，能够按照科学标准并利用先进手段和管理方法，对电力监控系统网络安全防护状况进行监督、检查和调整。本指导书提出了技术监督检查作业过程中各类厂站电力监控系统网络安全防护措施落实情况的内容、要求和注意事项，主要包括：基础设施安全、体系结构安全、设备本体安全、全方位安全管理及应急管理五个检查体系、各检查项目及其检查要点，为检查人员的现场工作提供指导，确保检查工作细致无遗漏。

4.1 检查前准备

4.1.1 检查必备条件

序号	内容	要求	确认（√）
1	网络安全防护实施方案	厂站网络安全防护实施方案已经过相应调度机构审核备案通过，要求有调度机构审核人员的确认签字。	
2	新建厂站的验收申请	新建厂站已提交验收申请，自查自验资料齐全。	
3	厂站配合性的准备工作	通知厂站做好各二次设备等登录账户、口令及相关资料等准备性的配合事宜，确保能够成功登录各相关设备，确保检查工作的顺利开展。	

4.1.2 检查组人员要求

序号	内容	要求	确认（√）
1	检查人员组成	厂站电力监控系统网络安全检查组由相关调度机构组织相关人员组成，负责现场检查的相关工作。	
2	检查人员要求	检查及配合人员应具备相关必要的电力监控系统网络安全知识和业务技能，具有相关工作经验，熟悉设备情况，熟悉相关涉及电力监控系统网络安全的法律、法规、制度、标准、规范等指导性文件。	
3		检查组人员应明确检查工作的范围、内容、作业标准及安全注意事项，安全、文明、有序、规范检查。	
4		进入厂站现场遵守厂站的相关工作要求，检查组人员应着工作服，正确佩戴安全帽，穿绝缘鞋，满足现场工作要求。	

4.1.3　检查工器具

序号	名称	要求	确认（√）
1	专用调试笔记本电脑	关闭无线网络，卸载无用无关软件。	
2		安装网络安全监测装置、纵向加密装置、隔离装置等相关安防设备的管理软件，配备相关通用的登录调试线缆及转接头，确保能登录核查相关设备。	
3		安装相关渗透软件，便于进行网络安全的深度检查工作。	
4		安装防病毒软件，确保电脑无感染病毒、木马等恶意软件等，确保检查工作的正常开展。	
5	安全检查设备	准备好用于扫描系统漏洞等的相关网络安全检查设备。	

4.1.4　检查工作组织措施

序号	职责分工	工作职责	确认（√）
1	检查组负责人	正确组织本次检查工作，根据检查工作量合理安排检查时间。	
2		负责检查所需要的工器具及相关资料是否齐备。	
3		负责向检查组成员交待检查范围、检查配合人员、检查注意的事项。	
4		负责汇总各检查人员发现的问题，填写整改通知单，并督促相关责任方进行整改，明确整改要求，并对整改情况组织开展复核检查。	
5		负责及时上报检查过程中需协调的问题。	
6		负责检查现场全过程的生产、人身、设备安全和检查质量。	
7	检查组成员	熟悉检查内容、检查工作流程方法，注意事项，服从检查组负责人的指挥。	
8		成员相互关心工作安全，并相互监督《电力安全工作规程》和现场安全措施的执行，正确、全面、及时地完成检查工作，及时向检查组负责人汇报检查工作进度及存在的问题。	
9		对检查工作质量和安全生产负有直接的责任。	
10		审查厂站提交的相关管理制度、运维资料、自查报告、调试报告、备案证明、等级保护测评及安全风险评估报告、整改报告、设备入网资质等相关资料，按检查细则开展现场检查，确保检	

续表

序号	职责分工	工作职责	确认（√）
10	检查组成员	查项目齐全完整。	
11		正确使用相关检查工器具及渗透软件等，防止检查时出现设备损坏、业务系统运行故障等相关异常情况。	

4.2 通用检查项目

序号	检查体系	检查项目	检查要点	涉及（√）
1	基础设施安全	防火设施	机房应配备消防灭火设施，符合机房防火要求，并满足正常运行与使用的要求。	
2		防盗设施	(1) 机房及主控室应部署电子门禁设施，各出入门体均应布点，正常运行，满足人员授权进出并记录进出行为。 (2) 机房应部署视频监控设施，布点合理，无监控死角。	
3		防水设施	机房应不存在漏水及漏水痕迹，符合防水要求。	
4		防破坏设施	核查机房是否部署防小动物设施，是否满足防小动物破坏的运行要求。	
5		防静电设施	机房应部署防静电设施，各运行设备是否可靠接地，确保机房电子设备不受静电的影响及损害。	
6		防雷击设施	机房应满足防雷击的运行要求，防雷设施应可靠接地，防止过电压对机房运行设备的影响或损害。	
7		UPS 电源	(1) 核查 UPS 电源是否满足双套冗余不间断电源供电的运行要求，UPS 应至少具备两路独立的交流供电电源，且每台 UPS 的供电开关应独立。 (2) 核查 UPS 电源负载率是否满足运行要求，UPS 单机负载率应不高于 40%，外供交流电消失后 UPS 电池满载供电时间应不小于 2 小时。	
8		温、湿度调节设施	机房应配备相应的空调设施，满足机房运行环境的温、湿度要求。	
9		线缆敷设	(1) 机房强电电缆（电源电缆）与弱电电缆（网络通信电缆）应分离敷设，各种线缆不应凌乱无序，应捆扎整齐并满足运行要求。	

续表

序号	检查体系	检查项目	检查要点	涉及（√）
9	基础设施安全	线缆敷设	(2) 机房运行设备的各种线缆应有明确的标签标识，线缆的起始端与终止端均应有标签标识，可满足清晰明确辨识线缆起始与终止端所接设备及物理端口号等，不应使用手写等临时性标签标识，粘贴于线缆两端易观察的妥当部位。	
10		设备标识	机房各运行设备均应有明确的标签标识，满足清晰明确辨识设备名称、设备编号、设备型号、投运日期、IP 地址等必要信息的运行要求，不应使用手写等临时性标签标识，粘贴于设备易观察的适当位置。	
11	体系结构安全	安全分区	(1) 安全分区的合理性及设备部署：核查现场各业务系统及其各设备的安全分区部署是否符合国家能源局〔2015〕36 号文的原则规定及网络安全防护实施方案（经调度审核备案通过的）的运行要求；整体上划分为生产控制大区与管理信息大区，生产控制大区原则上应划分为控制区（安全 Ⅰ 区）与非控制区（安全 Ⅱ 区），管理信息大区可根据具体情况划分，但不能影响生产控制大区的安全；对于 110kV 及以下变电站生产控制大区可不再细分，可只设置控制区。 (2) 各安全分区的网络地址：各安全分区不应采用同一网络地址段的 IP 地址，应合理划分 VLAN，客观上满足网络不通、网络隔离、阻止网络风暴的运行要求。 (3) 各业务子系统的网络地址：各业务子系统不应采用同一网络地址段的 IP 地址，应合理划分 VLAN，应限制直接互通，客观上应满足网络不通、网络隔离、阻止网络风暴的运行要求。	
12		网络专用	(1) 核查电力调度数据网设备是否满足双套冗余的通信通道配置要求，应按不同屏柜分立配屏运行，供电电源满足双 UPS 电源的供电运行要求。 (2) 核查安全接入区，对于采用公用通信网、无线通信网、非电力调度数据网及非可控状态的网络设备与终端等进行通信的核查是否设立了安全接入区，安全接入区应满足安全隔离、访问控制、认证及加密等安全防护要求，隔离、访问控制、认证及加密按照“横向隔离、纵向认证”的相关要求进行核查。 (3) 核查新能源集控等相关信息外送业务的专用数据网是否满足运行要求，应配备正向隔离装置通过安全Ⅲ区实现单向的数据外送传输，建议采用电力	

续表

序号	检查体系	检查项目	检查要点	涉及（√）
12	体系结构安全	网络专用	通信专网、配备有纵向加密认证装置确保数据的安全传输。 （4）核查新能源等相关厂站 OMS 工作站部署是否满足运行要求，应安装调度管理软件确保安全可靠运行。	
13		横向隔离	1. 管理信息大区与生产控制大区之间的反向隔离：核查管理信息大区与生产控制大区（含控制区与非控制区）之间网络互连边界处反向隔离装置的部署情况，核查网络拓扑连接是否正确，核查是否存在旁路的违规运行情况。 2. 信息外送的正向隔离：针对厂站信息外送业务，核查本站生产控制大区（含控制区与非控制区）与信息外送远方的网络互连边界处正向隔离装置部署情况，核查网络拓扑是否正确，是否存在旁路的违规运行情况。 3. 隔离装置的数据传输控制策略： （1）核查数据传输控制的安全防护策略是否进行了细化配置，核查是否按照业务数据传输的实际情况对 IP 地址、网络协议、网络服务端口号（对于端口随机变动的可根据实际业务访问端口限定端口范围）等进行了精确、具体的最小化细化配置，禁止设置源及目的地址为全网段地址、any 地址、any 协议、any 网络服务及 any 网络服务端口号的通行策略。 （2）核查是否满足只能传输单比特、E 文本格式数据的功能，数据传输应安全可靠。 （3）核查是否存在多余无用的数据传输控制策略。 4. 外网防火墙：核查新能源厂站管理信息大区与互联网之间网络互连边界处防火墙的部署情况，核查网络拓扑连接是否正确，核查是否存在旁路或直通的违规运行情况。 5. 安全Ⅰ、Ⅱ区间防火墙：核查生产控制大区内的控制区（安全Ⅰ区）与非控制区（安全Ⅱ区）之间网络互连边界处防火墙的部署情况，核查网络拓扑连接是否正确，核查是否存在旁路或直通的违规运行情况。 6. 同属一个安全分区的不同业务子系统之间的隔离：核查同属一个安全分区内部署的不同业务子系统之间网络互连边界处防火墙的部署情况（例如：新能源厂站的风机 / 光伏监控网络与升压站监控网络之间应部署防火墙进行隔离，二者同属于安全Ⅰ	

续表

序号	检查体系	检查项目	检查要点	涉及（√）
13	体系结构安全	横向隔离	区但为不同的业务子系统，火电厂 DCS 的不同机组控制系统之间应部署防火墙或隔离装置等进行隔离），核查网络拓扑连接是否正确，核查是否存在旁路或直通的违规运行情况。 7. 防火墙的安全访问控制策略： （1）核查防火墙的安全防护策略是否进行了细化配置，核查是否按照业务数据传输的实际情况对源及目的 IP 地址、网络协议、网络服务端口号（对于端口随机变动的可根据实际业务访问端口限定端口范围）等进行了精确、具体的最小化细化配置，禁止设置全网段 IP 地址、any 地址、any 协议、any 网络服务端口号。 （2）核查是否存在多余无用的安全防护访问控制策略。 （3）核查是否启用并配置了攻击防范策略，如对 SYN Flood、UDP Flood、ICMP Flood、ARP Flood、SIP Flood、HTTP Flood、Connection Flood 等各种攻击防范类型的策略进行配置并启用。 （4）核查是否设置了安全域。将不同安全分区或不同业务系统划分为不同的安全域，归属不同的 Trust、Untrust、DMZ 等相关域，高安全分区及安全等级保护级别高的业务系统应划分为 Trust 域，低安全分区及安全等级保护级别相对较低的业务系统应划分为 Untrust 域，各个安全域的命名宜采用“安全分区 +Trust/Untrust+ 业务”的格式，例如：安全Ⅰ区 –Trust– 保护业务、安全Ⅱ区 –Untrust– 功率预测。 （5）核查是否配置了默认禁止通行策略，且该默认禁止通行策略有效发挥作用（注：默认禁止通行策略系指任何源地址至任何目的地址在任何时间、任何用户、任何网络协议及任何网络服务端口等的一切禁止通行策略）。	
14		纵向认证	（1）核查电力调度数据网纵向加密认证装置的配置与部署是否满足运行要求。 （2）核查新能源终端通信防护是否按相关要求配置与部署了纵向加密认证装置，是否实现了本地化的运行监视。 （3）核查厂站信息外送等其他相关纵向通信通道是否按相关要求配置与部署了纵向加密认证装置。 （4）核查各纵向加密认证装置数字证书签发情况，是否向相应调度机构申请签发，禁止通过第三方非	

续表

序号	检查体系	检查项目	检查要点	涉及（√）
14	体系结构安全	纵向认证	法签发证书配置安全隧道。 (5) 核查各纵向加密认证装置的隧道及策略是否为密通访问模式，禁止设置明通隧道及明通策略。 (6) 核查各纵向加密装置不符合安全访问控制策略的默认执行规则是否是拦截丢弃模式，禁止默认放行或旁路的通行模式。 (7) 核查各纵向加密认证装置的安全防护策略是否按实际业务数据交互访问需求配置了安全访问控制策略，是否存在多余无用的安全防护访问策略，核查是否按照业务数据传输的实际情况对源及目的 IP 地址、网络协议、网络服务端口号（对于端口随机变动的可根据实际业务访问端口限定端口范围）等进行了精确、具体的最小化细化配置。	
15		综合安全防护措施	1. 核查网络安全监测装置： (1) 核查生产控制大区是否部署了网络安全监测装置，装置部署是否满足运行要求。 (2) 核查网络拓扑结构是否正确，禁止跨区或跨同属一个安全分区的不同业务子系统间边界接入不同的安全分区或子系统（注：在部署了一台装置的情况下，允许通过安全分区边界或同属一个安全分区的业务子系统间边界横向隔离设备配置了安全访问控制策略的控制下接入另一侧安全分区或业务子系统的设备，否则属于跨区直连、违规直连）。 (3) 核查是否向相应调度机构申请签发证书，通过两套电力调度数据网实现双链路接入了相应调度机构的网络安全管理平台。 (4) 核查故障及失电告警信号是否接入公用测控装置，是否实现了远动信息采集并接入了相应调度机构的主站系统。 (5) 核查是否实现了与天文钟装置的 IRIG-B 对时（即 B 码对时）。 (6) 核查资产接入情况。生产控制大区（含控制区与非控制区）站控层的各主机设备（含服务器与工作站）、网络设备（交换机）及安全防护设备（防火墙、隔离装置、IDS、安全日志审计装置等）按照“能接则接、应接必接”的原则是否实现了资产100% 全面接入网络安全监测装置，各接入资产命名及信息录入应符合调度机构的要求。 (7) 核查网络安全监测装置的各接入设备是否实现了与安全Ⅰ区天文钟装置的 NTP 对时，确保告警信息时间戳一致及调度机构网络安全管理平台的	

续表

序号	检查体系	检查项目	检查要点	涉及（√）
15	体系结构安全	综合安全防护措施	成功调阅查询（注：对于安全Ⅱ区无天文钟的情况，安全Ⅱ区的设备应配置对时地址指向安全Ⅰ区的天文钟地址（主机为配置 NTP 对时脚本，网络设备应配置对时地址指向），通过安全Ⅰ～Ⅱ区边界防火墙配置对时通行策略实现与安全Ⅰ区天文钟的对时，或可以与网络安全监测装置等相关设备实现间接方式的统一对时）。 (8) 通过自身探针等方式，核查是否存在告警信息不上送调度机构的屏蔽配置、危险操作命令定义是否全面（注：一般情况下厂站主机探针无此项配置，是通过网络安全监测装置来定义危险操作命令）、各主机的白名单策略细化及规范性设置情况（网络连接白名单）（注：禁止设置源及目的 IP 地址为 0 或 255 的全网段地址）、服务端口白名单（注：禁止源及目的网络服务端口号为 0~65535 的全开放以及非安全通用的网络服务端口号白名单（注：具体请参见后述主机加固的非安全通用网络服务端口号的说明），对于端口随机变动的可根据实际业务访问端口限定端口范围、关键目录文件（注：应设置为应用业务系统及操作系统等相关重要的关键文件目录）、光驱检测周期（60 秒）、端口检测周期（60 秒）（注：可通过基线核查实现）。 (9) 核查是否实现了本地化运行监视。 (10) 核查是否存在网络安全告警频发的情况，应确保通过综合安全加固措施杜绝网络安全告警。 2. 核查 IDS 入侵检测装置： (1) 核查生产控制大区是否部署了 IDS 入侵检测装置，装置部署是否满足运行要求。 (2) 核查网络拓扑结构是否正确，禁止跨区或跨同属一个安全分区的不同业务子系统间边界接入不同的安全分区或子系统［注：在部署了一台装置的情况下，允许通过安全分区边界或同属一个安全分区的业务子系统间边界横向隔离设备（防火墙、隔离装置）配置了安全访问控制策略的控制下接入另一侧安全分区或业务子系统的设备，否则属于跨区直连、违规直连］。 (3) 核查入侵检测规则特征库版本是否更新至最新版。 (4) 核查是否接入了网络安全监测装置。 3. 核查安全日志审计装置： (1) 核查生产控制大区是否部署了安全日志审计装置，装置部署是否满足运行要求。	

续表

序号	检查体系	检查项目	检查要点	涉及（√）
15	体系结构安全	综合安全防护措施	(2) 核查网络拓扑结构是否正确，禁止跨区或跨同属一个安全分区的不同业务子系统间边界接入不同的安全分区或子系统［注：在部署了一台装置的情况下，允许通过安全分区边界或同属一个安全分区的业务子系统间边界横向隔离设备（防火墙、隔离装置）配置了安全访问控制策略的控制下接入另一侧安全分区或业务子系统的设备，否则属于跨区直连、违规直连］。 (3) 核查是否接入了网络安全监测装置。 (4) 核查是否满足对网络、操作系统、数据库、业务应用、安全设施等相关运行、访问日志的收集、自动分析及安全审计功能。 4. 核查远程连接：核查是否存在生产设备商或其他外部企业（单位）远程连接厂站生产控制大区的相关业务系统及设备的违规情况或容易导致此种情况的风险隐患（如机房或主控室存在无线接入的上网路由器、主机中存在 VNC、TeamViewer 等具备外部远程控制功能的软件等），禁止远程连接生产控制大区的业务系统开展控制、调节和运维操作。	
16	设备本体安全	设备入网资质	(1) 入网资质：核查现场运行的软硬件设备是否具备入网资质，是否具有合格证、入网检测证书等相关必要的入网资质资料，是否存在选用经相关通报存在漏洞和风险的系统或设备，相关软硬件设备应国产化。 (2) 无线设备：核查生产控制大区是否存在或具有选用无线通信功能的设备（安全接入区除外）。	
17		核查 Windows 系统主机的安全加固情况	1. 删除或禁用默认及无用无效账户：应删除或禁用 Administrator、guest 等默认、无用、无效账户账号。 2. 三权分立账户：应配置系统管理员账户、安全审计员账户及普通操作员账户，并配置了相应角色权限。 3. 账户强口令：各账户的口令均应设置为含字母+数字+特殊符号及大小写在内的 8 位以上的强口令，不宜设置为众所周知、易猜易攻破及明显规律性的弱口令。 4. 恶意代码防范措施：安装防病毒软件、防木马等相关防范软件，定期升级版本库至最新版，定期查杀病毒与木马等。 5. 本地安全策略： (1) 账户策略（密码策略：启用密码复杂性要求、密码长度最小值 8 个字符、密码最短使用期限 30 天、	

续表

序号	检查体系	检查项目	检查要点	涉及（√）
17	设备本体安全	核查 Windows 系统主机的安全加固情况	密码最长使用期限 90 天；账户锁定策略：账户锁定时间 30 分钟，账户锁定阈值 5 次）。 （2）本地策略（审核策略：启用各项成功与失败审核；用户权限分配：按需配置相关设置。安全选项：按需配置相关设置）。 （3）IP 安全策略等。 6. 禁止共享：应删除默认共享，禁止共享。 7. 自动播放功能：应设置禁止自动播放功能或自动打开功能（配置自动播放策略，关闭移动存储介质及关闭光驱的自动播放或自动打开功能）。 8. 屏幕保护：应设置 5 分钟自动锁屏（注：24 小时监屏值班等特殊用途工作站可不做要求）。 9. 无关软件：应对各业务系统主机删除或卸载与生产业务无关的软件（如影音、娱乐、游戏、远程运维等），只保留与生产业务相关的必要软件。 10. 自动升级功能：应关闭输入法、防病毒等相关软件的自动升级功能，确保各运行进程是正常生产业务所需要的，关闭打印、网络自动连接、自动升级监听等进程。 11. 关闭非安全通用网络服务端口：应禁用或关闭 Telnet（23）、Telnet 协议扩展服务（95）、HTTP（80）、FTP（20、21）、rlogin、DHCP、finger（79）、DNS（53）、rTelnet（107）、E-mail、IMAP（143）、xdmcp（177）、NetBIOS（137-139）、telephony、RPC（111）、SMTP（25）、POP3、DCE/RPC（135）、SNMPv1（161）、SMB（445）、ORACLE（1521）、远程桌面（3389）、Weblogic（7001）、BLACKJACK（1025）、SMB（445）、Windows Update、Computer Browser、Print Spooler、bluetooth、rexe、rmcp、rsh、rsync、Remote Registry、TCPSMALLSERVERS、UDPSMALLSERVERS、HTTPSERVER、BOOTPSERVER、无线网络系列服务、远程邮件服务（50、209）、远程作业服务（71-73）、邮局协议（109、110）、TeamViewer 等相关非安全通用网络服务及网络监听端口。 12. 禁用空闲物理端口：应对多余未使用的空闲网络端口、无线网卡、串口等进行内部配置禁用（设置为 down 不启用状态）并外部贴封“空闲端口禁止使用”标识或堵塞封堵，网络端口按实际合理需求开启使用，随用随开，不用及临时使用后即关。 13. 禁用外设接口：应关闭空闲的外部接口（USB、光驱等），贴“禁止使用”标识或堵塞封堵，网络端	

续表

序号	检查体系	检查项目	检查要点	涉及(√)
17	设备本体安全	核查Windows系统主机的安全加固情况	口按实际合理需求开启使用，随用随开，不用及临时使用后即关。 14. 日志策略：应配置日志设置自动覆盖策略，覆盖策略要以时间为参数，保存日志的磁盘要有足够的容量，日志保存期限不能少于6个月，删除无运行价值的垃圾文件和保存时间超过1年以上的日志文件。 15. 默认或无效路由：应删除默认和无效的路由网关，按业务需求配置具体明细路由（注：尤其是应核查接调度数据网的相关业务主机的默认路由，例如新能源功率预测主机的默认路由）。 16. 系统漏洞加固：应进行漏洞扫描，对发现的漏洞进行加固及补丁更新等，及时全面地消除各种高中低危险漏洞。 17. 防火墙功能：应启用操作系统防火墙功能，配置基于目的IP地址、端口、数据流向的网络访问控制策略（出入规则）。 18. 核查其他必要、相关的安全防护策略。	
18		核查Linux及Unix系统主机安全加固情况	1. 默认及无用无效账户：应删除或禁用root、halt、news、mail、games、adm、lp、shutdown、uucp、operator、gopher等默认、无用、无效账户账号（注：对于无法删除或禁用的相关默认账户应由相关业务系统集成厂商出具书面盖章版的说明）。 2. 三权分立账户：应配置系统管理员账户、安全审计员账户及普通操作员账户，并配置了相应角色权限。 3. 账户强口令：各账户的口令均应设置为含字母+数字+特殊符号及大小写在内的8位以上的强口令，不宜设置为众所周知、易猜易攻破及明显规律性的弱口令。 4.Linux及Unix系统的各项主要安全策略： （1）密码策略（密码最大有效天数90天、密码最小长度8个字符、密码失效前提前28天告警、密码修改之间最小1天，各账户的口令均应设置为含字母+数字+特殊符号及大小写在内的8位以上的强口令，不宜设置为众所周知、易猜易攻破及明显规律性的弱口令，设置为密文存储）。 （2）密码复杂度策略（password requisite pam_cracklib.so retry=3 minlen=8 ucredit=1 lcredit=1 dcredit=2 ocredit=1）。 （3）登录失败策略（account required pam_tally2.so	

续表

序号	检查体系	检查项目	检查要点	涉及（√）
18	设备本体安全	核查 Linux 及 Unix 系统主机安全加固情况	deny=5 unlock_time=300）。 （4）文件和目录权限（umask 值：0027，ls -l /etc/shadow 不超过 400；ls -l /etc/passwd、group 不超过 644）。 （5）日志存储策略（/var/log/wtmp 及 /var/log/wtmp 均应为 monthly=1 或 rotate=6，按 24 周也可）。 （6）限制远程访问地址（more /etc/hosts.allow 和 more /etc/hosts.deny，例如在 allow 文件中是否存在 sshd：192.168.1.*；在 deny 文件中是否存在 sshd：all：deny）。 （7）禁用 root 账户远程登录策略（more /etc/ssh/sshd_config 查看配置 PermitRootLogin no 或者 #PermitRootLogin yes）。 （8）登录超时策略（more /etc/profile 文件配置内容是否包含 TMOUT=300）。 (9) 账户资源分配策略（more /etc/security/limits.conf 查看账户资源是否分配，例如：D5000 hard nproc 6000 、D5000 soft nproc 6000）。 5. 屏幕保护：应设置 5 分钟自动锁屏（注：适用于各类型的操作系统，24 小时监屏值班等特殊用途工作站可不设）。 6. 无关软件：应对各业务系统主机删除或卸载与生产业务无关的软件（如影音、娱乐、游戏、远程运维等），只保留与生产业务相关的必要软件。 7. 关闭非安全通用网络服务：应禁用或关闭 Telnet（23）、Telnet 协议扩展服务（95）、HTTP（80）、FTP（20、21）、rlogin、DHCP、finger（79）、DNS（53）、Telnet（107）、E-mail、IMAP（143）、xdmcp（177）、NetBIOS（137-139）、telephony、RPC（111）、SMTP（25）、POP3、DCE/RPC（135）、SNMPv1（161）、SMB（445）、ORACLE（1521）、远程桌面（3389）、Weblogic（7001）、BLACKJACK（1025）、SMB（445）、Windows Update、Computer Browser、Print Spooler、bluetooth、rexe、rmcp、rsh、rsync、Remote Registry、TCPSMALLSERVERS、UDPSMALLSERVERS、HTTPSERVER、BOOTPSERVER、无线网络系列服务、远程邮件服务（50、209）、远程作业服务（71-73）、邮局协议（109、110）、TeamViewer 等相关非安全通用网络服务及网络监听端口。 8. 禁用空闲物理端口：应对多余未使用的空闲网络端口、无线网卡、串口等进行内部配置禁用（设置	

续表

序号	检查体系	检查项目	检查要点	涉及(√)
18	设备本体安全	核查Linux及Unix系统主机安全加固情况	为down不启用状态)并外部贴封“空闲端口禁止使用”标识或堵塞封堵，网络端口按实际合理需求开启使用，随用随开，不用及临时使用后即关。 9.外设接口：应关闭空闲的外部接口(USB、光驱等)，贴“禁止使用”标识或堵塞封堵，网络端口按实际合理需求开启使用，随用随开，不用及临时使用后即关。 10.默认或无效路由：应删除默认和无效的路由网关，按业务需求配置具体明细路由(注：尤其是接调度数据网的相关业务，例如新能源功率预测主机的默认路由)。 11.系统漏洞加固：应进行漏洞扫描，对发现的漏洞进行加固及补丁更新等，及时全面地消除各种高中低危险漏洞。 12.防火墙功能：应启用操作系统防火墙功能，配置基于目的IP地址、端口、数据流向的网络访问控制策略(出入规则)。 13.核查其他必要、相关的安全防护策略。	
19		核查业务系统应用软件的安全加固情况	是指对主机中运行的各业务子系统应用软件的安全加固情况进行核查，包括但不限于如下： (1)禁用或删除默认及无用无效账户：应删除或停用业务系统中的无效账号，及时清理离岗人员账号。 (2)强账户口令及策略：口令应每90天定期更换；各用户密码设置为含字母+数字+特殊符号及大小写在内的8位以上的强口令，不宜设置为众所周知、易猜易攻破及明显规律性的弱口令。 (3)脚本渗透检查，核查是否存在脚本漏洞。 (4)核查其他必要、相关的安全防护策略。	
20		核查数据库的安全加固情况	是指对主机中运行的各业务子系统的后台数据库安全加固情况进行核查，包括但不限于如下： (1)禁用或删除默认及无用无效账户：应删除或停用关系数据库中的缺省账号和无效账号。 (2)三权分立账户：应配置系统管理员账户、安全审计员账户及普通操作员账户，并配置了相应角色权限(各账户赋予的权限应合理)。 (3)强账户口令及策略：应设置并启用密码复杂度策略，应设置为密文存储，应每90天定期更换，各账户密码设置为含字母+数字+特殊符号及大小写在内的8位以上的强口令，不宜设置为众所周知、易猜易攻破及明显规律性的弱口令。	

续表

序号	检查体系	检查项目	检查要点	涉及（√）
20	设备本体安全	核查数据库的安全加固情况	(4) 设置登录失败策略：应设置登录失败 5 次后禁止登录 30 分钟策略。 (5) 登录方式：应关闭操作系统认证的登录方式。 (6) 访问限制：应对访问地址及访问方式进行限制。 (7) 资源限制：应设置对相关资源的限制访问策略。 (8) 设置日志策略：应配置系统日志策略，保存日志的磁盘要有足够的容量，日志保存期限不能少于 6 个月，删除无运行价值的垃圾文件和保存时间超过 1 年以上的日志文件；开启日志审计。 (9) 漏洞加固：应进行漏洞扫描，对发现的漏洞进行加固及补丁更新等，及时全面地消除各种高中低危险漏洞。 (10) 数据库并发连接数：应设置数据库的最大连接数，参数应合理评估设置，满足最大化的业务并发连接数。 (11) 权限漏洞：应切断用户权限自动提升的各种途径，普通用户禁止具有修改自己权限的功能。 (12) 登录超时：应配置登录超时自动退出策略。 (13) 设置其他必要、相关的安全防护策略。	
21		核查网络设备安全加固情况	指对网络交换机、路由器、网络安全监测装置、防火墙、隔离装置、纵密装置、IDS、运维日志审计等网络及网络安全防护设备的加固情况进行核查，包括但不限于如下： (1) 删除或禁用默认及无用无效账户：应删除或禁用默认、无用、无效账户账号。 (2) 三权分立账户：应配置系统管理员账户、安全审计员账户及普通操作员账户，并配置了相应角色权限。 (3) 账户强口令：各账户的口令均应设置为含字母 + 数字 + 特殊符号及大小写在内的 8 位以上的强口令，不宜设置为众所周知、易猜易攻破及明显规律性的弱口令，不得使用默认口令，设置为加密模式存储。 (4) bannner 信息：应修改默认的登录提示 banner 信息，不应明显暴露相关设备品牌、型号、版本等相关信息。 (5) 关闭非安全通用网络服务：应禁用或关闭 Telnet（23）、HTTP（80）、FTP（20、21）、DHCP、DNS（53）、NetBIOS（137-139）TCP（445）、UDP（135、137、138、139）等相关非安全通用网络服务及网络监听端口。 (6) 禁用空闲物理端口：应对多余未使用的空闲网	

续表

序号	检查体系	检查项目	检查要点	涉及（√）
21	设备本体安全	核查网络设备安全加固情况	络端口、串口等进行内部配置禁用（设置为 down 启用状态），并于外部贴封“空闲端口禁止使用”标识或堵塞封堵，网络端口按实际合理需求开启使用，随用随开，不用及临时使用后即关。 (7) 登录失败策略：应启用并设置登录次数失败的限制控制策略（登录 5 次失败则禁止登录 30 分钟）。 (8) 安全登录方式：允许启用 HTTPS、SSH 等安全加密登录方式，修改默认登录端口号，禁用 Telnet、HTTP、FTP、rlogin 等非安全通用网络服务的登录方式。 (9) 登录超时：应配置登录超时自动退出策略，本地超时和远程超时均需配置，含 Console 口等相关配置调试登录口及浏览器 WEB 方式、SSH 等各种安全的网络登录方式均需进行相应配置登录超时策略。 (10) 默认路由：应删除默认路由网关，关闭网络边界 OSPF 路由功能，调度数据网网络设备应启用 OSPF MD5 认证。 (11) 网络管理：应采用安全增强的 SNMPv2 及以上版本的网管协议，设置受信任的网络地址范围。 (12) 日志策略：应配置日志策略，日志设置自动覆盖策略，覆盖策略要以时间为参数，日志保存期限不能少于 6 个月。 (13) 访问控制列表：应添加 ACL 访问控制策略进行数据包过滤。 (14) 地址绑定：应进行 IP 与 Mac 地址绑定，绑定范围应涵盖通过该网络设备进行业务数据传输与相关允许访问等相关的 IP 及其对应的 Mac 地址。 (15) 策略备份：应定期备份安全访问控制策略。 (16) U key 保存：相关 U key 应命名编号、与具体设备对应一致，妥善保存防止丢失等。 (17) 团体字：应修改默认的团体字。 (18) 版本升级：相关版本的设备存在安全漏洞或特征库，应进行版本升级（例如 2021 年以前的隔离装置应进行版本升级；IDS 特征库应进行及时升级）。 (19) 核查其他必要、相关的安全防护策略。	
22	全方位安全管理	管理组织体系	(1) 核查是否成立了涵盖本站的所属单位电力监控系统网络安全管理组织体系，组织体系应涵盖本单位相关主管领导、部门负责人及主要工作负责人，有领导小组与工作小组，并明确了各小组的工作职责。	

续表

序号	检查体系	检查项目	检查要点	涉及（√）
22	全方位安全管理	管理组织体系	（2）核查管理组织体系工作职责的落实情况，是否发布有相关必要的工作部署及开展等的佐证资料。	
23		建章立制	（1）核查是否制定了电力监控系统网络安全管理及运维方面的相关管理制度（例如门禁管理、人员管理、用户口令密钥及 U key 管理、消防管理、异动存储介质管理、外来人员访问管理、网络安全教育和培训等）。 （2）核查电力监控系统网络安全管理及运维方面相关制度的落实情况，是否有相关记录等必要的佐证资料。	
24		安全防护实施方案	（1）安全防护实施方案是否向相应调度机构进行了报备，应有调度机构审核人员的签字。 （2）安全防护实施方案是否与现场实际情况相符，主要是网络拓扑结构、设备部署情况等主要关键点。	
25		等级保护备案	核查是否开展信息系统等级保护备案，是否取得了地市及以上公安部门签发的信息系统安全等级保护备案证明。	
26		等级保护测评	（1）核查是否按照定级的要求定期开展等级保护测评工作（注：三级系统应每年一次，二级系统应每两年一次，新建厂站投运前应开展等保测评工作）。 （2）核查有无合规的等级保护测评机构出具的测评报告。 （3）核查是否对测评报告中所反映问题开展了认真全面整改，有无整改报告。	
27		安全风险评估	（1）核查是否按照定级的要求定期开展安全风险评估工作，（注：三级系统应每年一次，二级系统应每两年一次，新建厂站应同步开展网络安全防护风险评估工作，安全风险评估工作工作一般随等级保护测评工作同步开展、为同一机构）。 （2）核查有无合规的网络安全防护风险评估机构出具的安全风险评估报告。 （3）核查是否对安全风险评估报告中所反映问题开展了认真全面整改，有无整改报告（注：一般为与等级保护测评问题同步开展整改）。	
28		密码应用安全性评估	（1）核查三级系统是否按照商用密码应用安全性评估的要求在规划、设计、运行阶段随同等级保护测评同步开展密码应用安全性评估，二级系统宜参照落实开展。	

续表

序号	检查体系	检查项目	检查要点	涉及（√）
28	全方位安全管理	密码应用安全性评估	(2) 核查有无合规的密码应用安全性评估机构出具的密码应用安全性评估报告。 (3) 核查是否对密码应用安全性评估报告中所反映的问题开展了认真全面整改，有无整改报告（注：一般为与等级保护测评问题同步开展整改）。	
29		涉密保密情况	(1) 核查与运维厂商、保测评机构等相关单位是否签署了相关网络安全保密协议，是否落实了保密要求。 (2) 核查是否存在有相关涉及网络安全的关键技术或资料泄露的风险事件，禁止涉及网络安全的关键技术和设备的扩散（例如 IP 地址清单、安全防护策略配置信息等）。	
30		调度机构相关网络安全工作部署任务落实情况	(1) 核查本站有无电力监控系统网络安全备案人员。 (2) 核查 OMS 工作站是否安装了调度管理软件。 (3) 核查调度机构部署的相关电力监控系统涉网网络安全工作完成情况。	
31	应急管理	应急预案	核查是否制定了运维范围内厂站电力监控系统网络安全应急预案、应急处置方案或应急处置卡等相关必要的预案类的相关应急处置方案。	
32		应急演练	核查是否定期开展了电力监控系统网络安全方面的应急演练，核查演练方案、演练评估及改进等相关资料。	
33		应急备件	核查备用与容灾情况： (1) 核查对关键业务数据的定期备份情况，是否实现历史归档数据的异地保存。 (2) 核查关键主机设备、网络设备和关键部件是否进行了冗余配置。 (3) 核查控制区的业务系统是否实现了冗余方式。	

4.3　检查工作结束

内容	要求	确认（√）
检查结束	核实确认检查过程中发现的问题，汇总填写《电力监控系统网络安全防护检查整改通知单》，厂站所属业主单位签收，检查单位与受检单位各收执一份，检查单位同时应收执电子版一份，留档备查。	
	检查工作结束后应删除设置的临时账号、临时数据等，做好检查善后的相关事宜。	
	通知厂站所属单位认真全面的开展整改，按《电力监控系统网络安全防护检查整改通知单》要求的时限报送《电力监控系统网络安全防护问题整改报告》，明确《电力监控系统网络安全防护问题整改报告》的编制与上报要求，以供审查。	

4.4　归档资料清单

（1）电力监控系统网络安全防护检查整改通知单

（2）电力监控系统网络安全防护问题整改报告

（3）电力监控系统网络安全防护自查自验问题整改报告

第5章　轻量无损漏洞排查工具箱使用方法

针对电力监控系统高实时、高稳定性要求环境的特点，需要通过专用技术和方法及时发现系统中存在的网络安全漏洞，排查出网络安全风险，并提供给系统管理员进行整改，保障系统安全、稳定运行。本章以国网智能电网研究院有限公司研制的LYY-STB-100轻量无损漏洞排查工具箱为例，详细说明了利用风险排查对象准确识别技术、网络安全风险库动态加载技术、自适应的网络安全风险验证技术等技术开展电力监控系统网络安全漏洞发掘和风险排查方法，提升电力监控系统风险隐患排查的工作效率和准确性。

5.1　轻量无损漏洞排查工具箱简介

轻量无损漏洞排查工具箱（以下简称为“工具箱”）定制集成了无损漏洞扫描、安全配置核查、恶意代码检测、专用插件扫描和移动 APP 检测等系列安全工具以及统一的工具管理平台（图 5-1）。

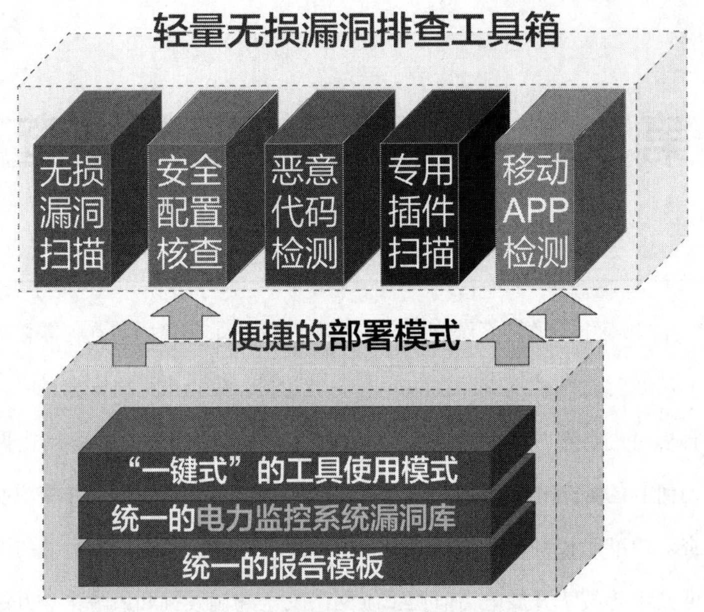

图 5-1　轻量无损漏洞排查工具箱

5.1.1　无损漏洞扫描

面向非专业人员提供“一键式”的漏洞扫描模式，同时采用无损化扫描模式，自适应调整漏洞扫描频率、策略和探测深度，大幅降低漏扫引起的其他风险，并与电力监控系统漏洞库实现同步更新，确保不同单位漏洞排查结果的一致性。

5.1.2　安全配置核查

支持主流软硬件以及工控设备等的配置核查，包括 3730 个配置核查项，并可自定

义添加配置核查项。同时可以结合各种检查任务要求定制相应配置核查模板，实现更有针对性以及更高效的系统安全评估工作。

5.1.3　恶意代码检测

支持 Linux 系统的在线式恶意代码扫描，通过恶意代码特征库进行特征匹配，快速检测系统进程、启动项、运行程序、注册表和全部磁盘文件中存在的恶意代码。

5.1.4　专用漏洞扫描插件

通过对工控设备、控制软件等漏洞利用原理的深入分析，构造轻量无损的漏洞验证数据包，快速检查系统中的安全隐患。目前已开发智能终端设备、第三方软件框架、系统服务等六大类百余个专用插件。

5.1.5　移动 APP 检测

通过静态扫描和动态扫描相结合的方式，进行漏洞扫描和恶意代码分析，识别移动应用存在的漏洞、木马病毒及恶意插件；检测项覆盖源码安全、数据安全、传输安全、行为安全等多个维度的漏洞和恶意代码。

5.1.6　工具管理平台

可实现对资产的批量管理和自动发现、安全工具的统一调度管理、漏洞类型数量及资产风险的多维统计分析以及与调度网络安全管理平台的资产同步。

5.2 登录管理

5.2.1 登录和退出

(1) 按开机键后进入开机画面，按 ESC 跳过 IPv4 和 IPv6 画面。

(2) 进入操作系统登录界面，安全操作系统会隐藏内置用户；若未自建用户，需要点击“未列出”。

(3) 输入用户名及口令。

(4) 进入桌面后双击“轻量无损漏洞排查工具箱”快捷方式，打开客户端，输入用户名、密码和 pin 码，并插入对应的 U key，登录系统（见图 5-2）。

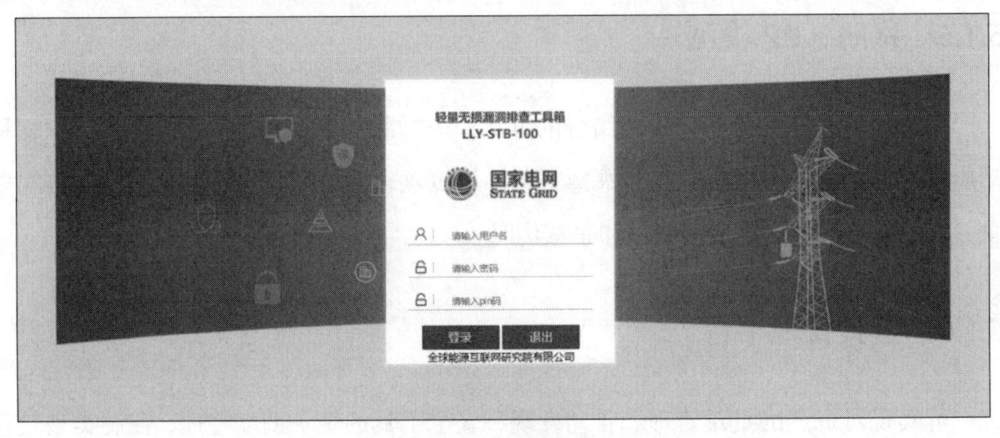

图 5-2　登录界面

(5) 客户端退出：点界面上退出按钮退出，然后拔出 U key。

请注意，用户首次登录会强制修改密码；系统参数配置默认用户密码有效期 90 天，90 天之内用户需要手动修改密码，否则密码过期后强制进入修改密码的界面。

5.2.2 登录用户介绍

(1) 用户分为系统管理员、操作员、审计管理员和审计员。图 5-2 中系统管理员和审计管理员是系统内置的用户，不可编辑和删除。

①系统管理员管理普通的管理员和操作员用户的增、删、改、查，进行升级、用户管理、系统配置等操作；

②操作员负责资产管理、漏扫、基线核查、扫描报告查看等；

③审计管理员对审计员的用户进行增、删、改、查，对审计相关的参数进行配置；

④审计员对系统中所有用户的操作日志进行核查，审计日志包括系统告警、进程异常和所有引起数据库改动的事件等。

(2) 打开客户端，输入用户名、密码和 pin 码，并插入对应的 U key，登录系统。

5.2.3　界面功能介绍

5.2.3.1　系统管理功能界面介绍

系统管理主要包括用户管理 (管理员和操作员的管理)、角色管理 (管理员角色和操作员角色的管理)、升级管理、系统参数配置、IP 配置、痕迹删除和产品信息等功能。其中用户管理包括对系统管理员和操作员的新增、修改、注销、激活、绑定 U key、恢复密码和修改密码等功能。

5.2.3.2　操作员功能界面介绍

操作员功能包括首页的资产综合展示风险值、漏洞分布、不合规配置统计和恶意

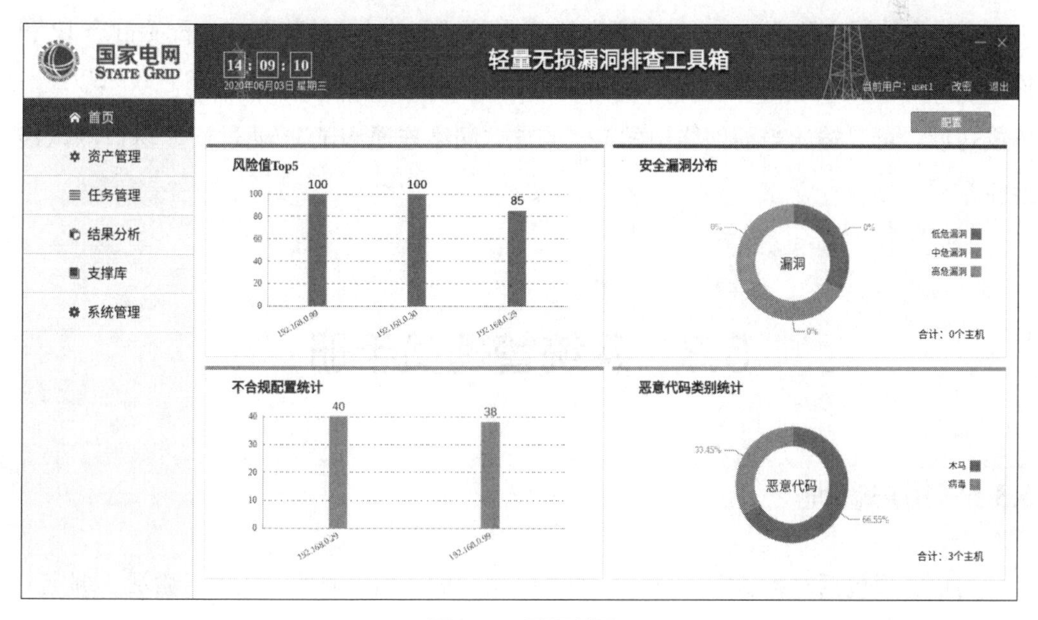

图 5-3　界面首页

代码类别统计，还有资产管理、资产主动探测、任务管理（进行漏扫、基线核查等任务的下发和结果查看）、不同维度的结果分析、支撑库的管理（漏洞库管理、基线核查策略库管理、恶意代码库管理）、专有基线核查模板管理（见图 5-3）。

操作员自己可以通过界面右上角的“改密”，进行修改密码。当前系统的用户密码默认有 90 天时效性，用户需要定期修改密码。

5.2.3.3 审计管理员功能界面介绍

审计管理员的功能主要包括用户管理（审计管理员和审计员的管理）、角色管理（审计管理员和审计员的角色管理）、审计日志配置（设置审计日志保存时效和存储上限）。

5.2.3.4 审计员功能界面介绍

审计员的功能主要对记录系统的所有用户操作进行记录，并对系统的异常事件比如登录失败超限被锁、日志存储达到上限等记录并产生告警提示；可对审计日志定期进行批量备份及清理；可对日志结果、日志级别、事件类型、日志事件的维度进行展示和搜索。审计员可通过界面右上角的“改密”修改自己的密码。用户密码默认有效期为 90 天，用户需要定期修改密码。

5.2.4 初始化配置

用操作员用户登录，在“IP 配置”的菜单下配置工具箱的静态 IP。配置静态 IP 和掩码，其他项选填，配置完成后，点击“保存并应用”使之生效，并进行二次鉴权。配置成功后，可以输入当前网络中的 IP，点击“网络连通测试”，通过回显窗口测试连通性。

5.3 系统管理员手册

5.3.1 用户管理

用户管理包括对系统管理员和操作员的用户的新增、修改、注销、激活、绑定 U key、恢复密码、改密等。

5.3.1.1　新建系统管理用户

用内置系统管理员用户登录，“用户管理”→“用户新增”，系统先弹出“二次鉴权”的界面（用户重要操作会需要再次输入管理员的密码进行鉴权）。然后弹出新增用户界面，在角色列表选择“管理员角色”，输入用户密码，用户类型可以选择长期账户或临时账户（长期账户为永久账户，临时账户在系统参数中默认配置为 90 天），登录时间为可选项；然后点击“新增”，新增成功。新建的管理员用户要进行激活（内容详见 5.3.1.5 节）和绑定 U key（内容详见 5.3.1.6 节）。

5.3.1.2　新建操作员用户

用内置系统管理员用户登录，“用户管理”→“用户新增”，系统先弹出“二次鉴权”的界面（用户重要操作需要再次输入管理员的密码进行鉴权）。然后弹出新增用户界面，在角色列表选择“操作员”，输入用户密码，用户类型可以选择长期账户或临时账户（长期账户为永久账户，临时账户在系统参数中默认配置为 90 天），登录时间为可选项；然后点击“新增”，新增成功。新建的操作员用户要进行激活（内容详见 5.3.1.5 节）和绑定 U key（内容详见 5.3.1.6 节）。

5.3.1.3　注销用户

用内置系统管理员登录，“系统管理”→“用户管理”，在用户列表中选择一个普通操作员和普通管理员（内置管理员不允许注销），点“注销”按钮，注销后这个用户将不在用户管理的界面显示，并且不能再使用。点击“注销”按钮，系统弹出“二次鉴权”的界面，然后再弹出用户确认“注销”的提示框，点“确认”用户被注销。

5.3.1.4　修改用户

用内置系统管理员用户登录，“系统管理”→“用户管理”，在用户列表中选择一个普通操作员和普通管理员，点击“修改”按钮，系统弹出“二次鉴权”的界面，鉴权通过后弹出修改用户的界面，可以修改用户类型、角色、允许登录的时间。

5.3.1.5　激活用户

新建的用户为休眠状态，激活之后用户才有效。用内置系统管理员用户登录，“系统管理”→“用户管理”，在用户列表中选中新建的用户进行激活。选择新建的用户，点激活按钮弹出“确认激活”提示框，然后进行“二次鉴权”，激活成功。

5.3.1.6 绑定 U key

新建的用户未绑定 U key，用户需要绑定 U key 后才能登录。用内置系统管理员用户登录，“系统管理”→“用户管理”，在用户列表中选中新建的用户进行绑定。选择需要绑定的用户，点“绑定 U key”按钮弹出“请同时插入管理员的 U key 和新用户的 U key”提示框，然后进行“二次鉴权”，通过后界面提示绑定成功。

5.3.1.7 解绑 U key

用内置系统管理员用户登录，“系统管理”→“用户管理”，在用户列表中选中新建的用户进行绑定。用户已经绑定 U key，选择需要解绑的用户，同时插入需要解绑的 U key，点“解绑 U key”按钮弹出“请同时插入管理员的 U key 和用户的 U key”提示框，然后进行“二次鉴权”，通过后界面提示解绑成功。

5.3.1.8 恢复密码

用内置系统管理员用户登录，“系统管理”→“用户管理”，在用户列表中选中的用户进行恢复密码。当用户的密码遭到破坏，点击“恢复密码”，可以恢复当前正在使用的密码。恢复密码功能需要进行“二次鉴权”。

5.3.1.9 修改密码

用内置系统管理员用户登录，“系统管理”→“用户管理”，在用户列表中选中的用户进行“改密”(内置管理员不允许改密)。输入原始密码、新密码并确认密码，修改为新密码。修改密码功能需要进行“二次鉴权”。

5.3.2 角色管理

用内置系统管理员用户登录，在“角色管理”菜单下，可以对系统管理员的角色或操作员角色进行新建、修改、删除。

5.3.2.1 新建角色

用内置系统管理员用户登录，在“角色管理”→“角色新增”，新增系统管理员角色或操作员角色。系统先弹出“二次鉴权”的界面，鉴权成功后弹出新增角色的页面。

5.3.2.2　修改角色

用内置系统管理员用户登录，在“角色管理”选中一个管理员角色或操作员角色，点击“修改”。系统先弹出“二次鉴权”的界面鉴权成功后弹出修改角色页面。

5.3.2.3　删除角色

用内置系统管理员用户登录，在“角色管理”选中一个管理员角色或操作员角色，点击“删除”。系统先弹出“二次鉴权”的界面，鉴权后弹出删除角色页面。

5.3.3　升级管理

升级操作会对上传的升级包校验格式、大小和版本号进行校验。

5.3.3.1　管理平台升级

用内置系统管理员用户登录，点击“管理平台”的“升级”按钮，通过上传离线升级包进行升级，平台进行文件格式、大小和完整性校验。升级成功后会弹出提示框，平台的版本号将被更新。

5.3.3.2　漏洞扫描工具升级

用内置系统管理员用户登录，点击“漏洞扫描”的“升级”按钮，通过上传离线升级包进行升级，平台进行文件格式、大小和完整性校验。升级前系统会进行二次鉴权。升级成功后会弹出升级成功的提示框，漏扫工具的版本号将被更新。

5.3.3.3　漏洞库同步

用内置系统管理员用户登录，点击“漏洞扫描”的“漏洞库同步”按钮。

5.3.3.4　配置核查工具升级

用内置系统管理员用户登录，点击“配置核查”的“升级”按钮，通过上传离线升级包进行升级，平台进行文件格式、大小和完整性校验。升级前系统会进行二次鉴权。完成后会弹出升级成功的提示框，核查工具的版本号将被更新。

5.3.3.5　配置核查库同步

用内置系统管理员用户登录，点击“配置核查”的“核查库同步”按钮；点击按钮进行二次鉴权，鉴权成功后提示核查库同步下发成功，后台进行同步，按钮会变成灰色的“同步中”样式。

5.3.3.6 恶意代码库升级

用内置系统管理员用户登录，点击“恶意代码”的“升级”按钮，通过上传离线升级包进行升级，平台进行文件格式、大小和完整性校验。升级前系统会进行二次鉴权。完成后会弹出升级成功的提示框，检测引擎及特征库同时更新。

5.3.3.7 专用插件库升级

用内置系统管理员用户登录，点击“专用插件”的“升级”按钮，通过上传离线升级包进行升级，平台进行文件格式、大小和完整性校验。升级前系统会进行二次鉴权。完成后会弹出升级成功的提示框，插件库的版本号将被更新。

5.3.3.8 移动 APP 工具升级

用内置系统管理员用户登录，点击“移动 APP”的“升级”按钮，通过上传离线升级包进行升级，平台进行文件格式、大小和完整性校验。升级前系统会进行二次鉴权。完成后会弹出升级成功的提示框，移动 APP 工具的版本号将被更新。

5.3.4 配置管理

用内置系统管理员用户登录，在“配置管理”的菜单下配置系统参数值。修改系统参数以后，点击“提交”进行二次鉴权。鉴权成功进行修改，完成后界面会有成功提示。

5.3.5 痕迹清除

用内置系统管理员用户登录，在“痕迹清除”的菜单下点击“痕迹清除”会删除资产列表、任务列表、任务结果等操作员涉及的所有数据。点击“确定”后进行二次鉴权。

5.3.6 产品信息

用内置系统管理员用户登录，打开“产品信息”菜单。

5.3.6.1　漏洞扫描工具授权

点击漏洞扫描工具图标旁“生成本机信息”，导出文件发送给销售商；点击“导入授权文件”，导入销售商提供的授权文件后，提示“授权成功”；查看漏洞扫描工具图标旁边的授权到期时间。

5.3.6.2　配置核查工具授权

点击配置核查工具图标旁“生成本机信息”，导出文件发送给销售商；点击“导入授权文件”，导入销售商提供的授权文件后，提示“授权成功”；查看配置核查工具图标旁边的授权到期时间。

5.3.6.3　恶意代码工具授权

点击恶意代码工具图标旁“生成本机信息”，导出文件发送给销售商；点击“导入授权文件”，导入销售商提供的授权文件后，提示“授权成功”；查看恶意代码工具图标旁边的授权到期时间。

5.3.6.4　专用插件工具授权

点击专用插件工具图标旁“生成本机信息”，导出文件发送给销售商；点击“导入授权文件”，导入销售商提供的授权文件后，提示“授权成功”；查看专用插件工具图标旁边的授权到期时间。

5.3.6.5　移动 APP 工具授权

点击移动 APP 工具图标旁“生成本机信息”，导出文件发送给销售商；点击“导入授权文件”，导入销售商提供的授权文件后，提示“授权成功”；查看移动 APP 工具图标旁边的授权到期时间。

5.4　操作员手册

5.4.1　首页图表

图 5-4 中的四张图表可以清晰、直观地展现重要监控数据，分别为风险值 Top5、

安全漏洞分布、不合规配置统计、恶意代码类别统计。

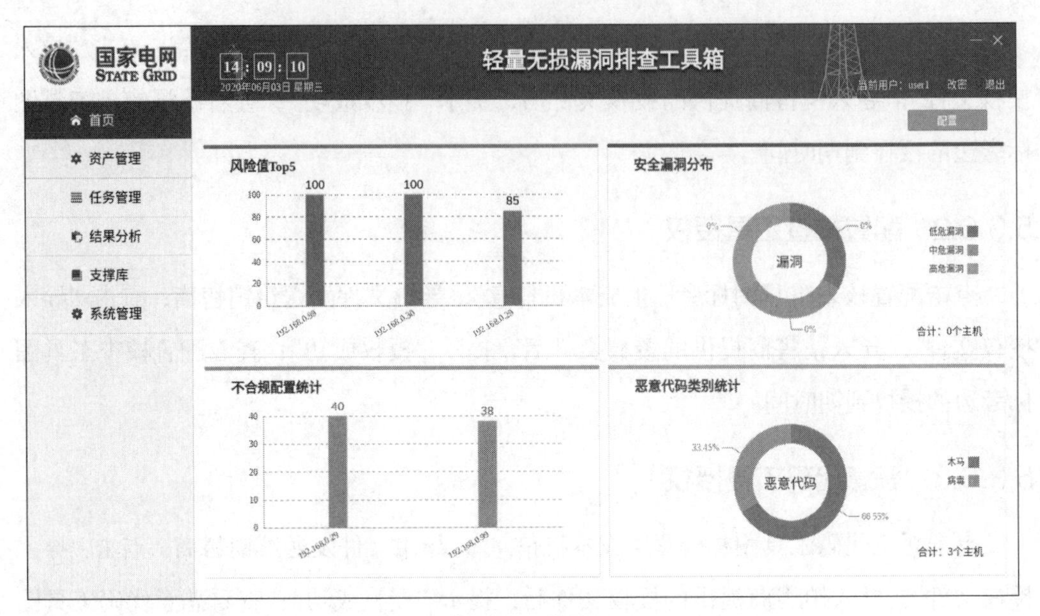

图5-4　首页

5.4.1.1　风险值Top5

基于历史的检查结果，以柱状图的形式统计展示风险值最高的5台资产的风险情况。

5.4.1.2　安全漏洞分布

基于历史的检查结果，以饼状图的形式，统计展示历史检查任务中发现的低危漏洞、中危漏洞、高危漏洞的分布情况，并统计主机数量。

5.4.1.3　不合规配置统计

基于历史的检查结果，以柱状图的形式，展示不合规配置数量最多的5台资产。

5.4.1.4　恶意代码类别统计

基于历史的检查结果，以饼状图的形式，展示发现的恶意代码中病毒和木马的分布情况。

5.4.1.5　展示配置

点击界面右上角的“配置”，可选择需要统计的区域及IP地址，点击“确定”后会

把数据呈现在首页的统计图表中，并支持搜索功能。勾选首页配置打开后资产列表中的某个资产，可以实现在首页中展示哪些 IP 的数据（见图 5-5）。

图 5-5　资产列表

5.4.2　资产管理

该模块分为资产列表和资产发现。提供对资产进行查看、导入导出、资产发现、资产删除、模板下载、资产修改等功能。

5.4.2.1　导入资产

先下载模板，填好资产信息后保存，点击“导入资产”，需要填写单位，选择分区，并上传文件（见图 5-6）。

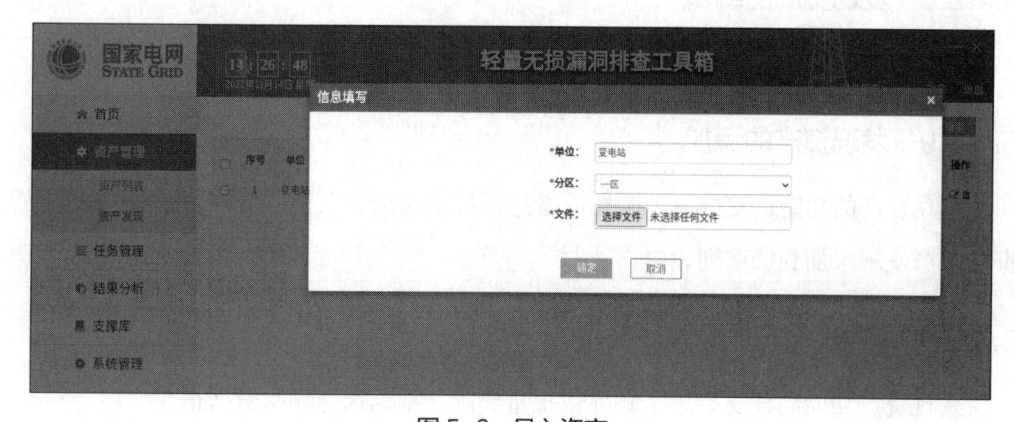

图 5-6　导入资产

5.4.2.2 导出资产

点击“导出资产”，可将资产列表的以 Excel/CSV 的格式导出至本地。

5.4.2.3 资产发现

提供对目标网段新增资产发现的功能。点击“资产发现”，填入需要发现的 IP 地址段、单位和分区，点击“确定”，即可探测目标网段中新增的资产。扫描过程中左下角会有进度显示。

5.4.2.4 资产查询

提供模糊查询功能，可根据单位、分区、IP 地址、设备类型等字段进行查询。

5.4.2.5 资产修改

点击操作中的修改按钮，提供修改该条记录的各项信息。

5.4.2.6 模板下载

点击右下角的“模板下载”，即可下载导入资产的 Excel 模板。打开资产导入模板，填写序号、IP 地址、设备名称、设备类型、厂商名称、设备型号等数据，资产列表需要由单位、分区、IP 地址三个来标识唯一资产。

5.4.2.7 资产删除

根据选择删除所选资产信息。资产删除后，之后执行这个资产的任务将不在首页展示，也不在结果分析中展示。

5.4.2.8 发现资产的编辑

点击操作中的“编辑”，可对发现的资产属性信息进行修改。

5.4.2.9 发现资产的添加

发现资产的功能，支持单个添加或者选择批量添加。点击“添加”后，可将该条数据从资产发现添加到资产列表中。

5.4.2.10 发现资产的删除

发现资产功能同样支持单个删除或批量删除。根据选择删除资产信息。

5.4.3　任务管理模块

任务管理模块分为一键无损扫描和自定义扫描（见图 5-7）。

图 5-7　扫描任务

5.4.3.1　一键无损扫描

扫描探测报文平稳、低频，通过获取系统和软件类型、版本、服务端口等指纹信息，并与漏洞库进行匹配，实现无损的漏洞扫描。

选择一键无损扫描模式，在该模式下任务名称和扫描目标可手动设置，也可自动生成；当未设置用户名和扫描目标时，平台将自动生成任务名称并默认扫描当前工具箱 IP 所处的整个 C 段地址；用户也可手动输入任务名称或者从资产列表导入扫描目标。

该模式下默认执行漏洞扫描和弱口令检测。

5.4.3.2　自定义扫描

该模式下，可选择漏洞扫描工具（包含弱口令检测工具）、安全配置核查工具、恶意代码检测工具、专用插件工具和移动 APP 检测工具（见图 5-8）。

图 5-8 新建任务

5.4.3.2.1 漏洞扫描工具

漏洞扫描工具提供导入或手动输入扫描目标，填写任务名称，选择扫描模板（扫描模板可以选择 scada 扫描、默认模板扫描、自定义模板扫描），选择是否启用登录检查和弱口令检测功能（见图 5-9）。

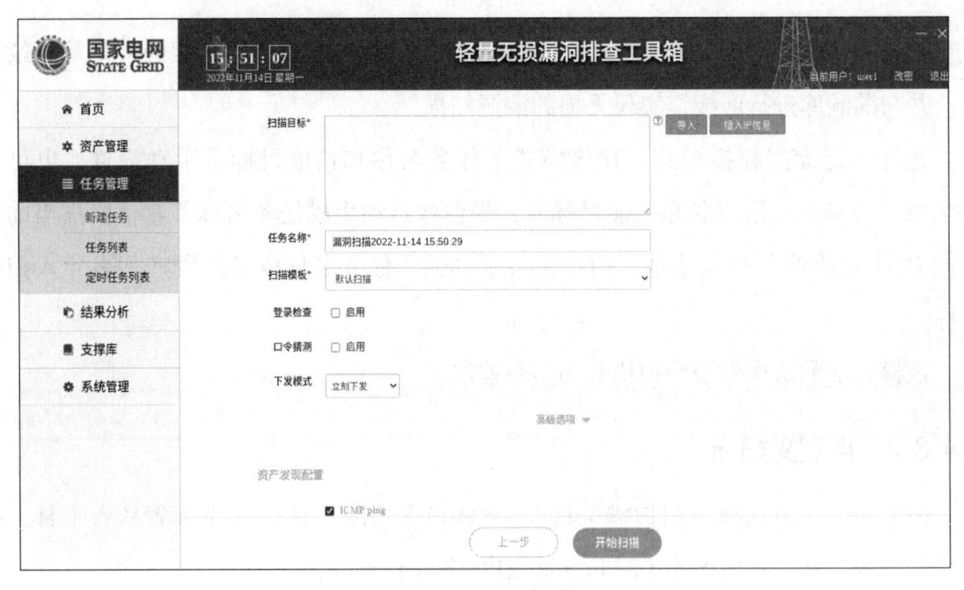

图 5-9 扫描配置

默认扫描：对所有系统执行默认的网络审计，包括基于网络的漏洞、补丁 / 修复

程序检查。只扫描默认端口，不进行策略检查和 Web 扫描。Web 扫描建议单独进行。

SCADA 扫描：SCADA 审计模板是针对敏感的监控与数据采集（SCADA）系统的网络审计，仅使用较安全的检测。增加数据包延迟时间、数据包发送间隔时间；禁用握手协议和同时网络资源访问等。

自定义模板：可以在自定义扫描模板中选择“资产发现配置”“服务发现配置”“性能配置”，按照自己的需要手动配置这些参数进行漏扫（见图 5-10）。

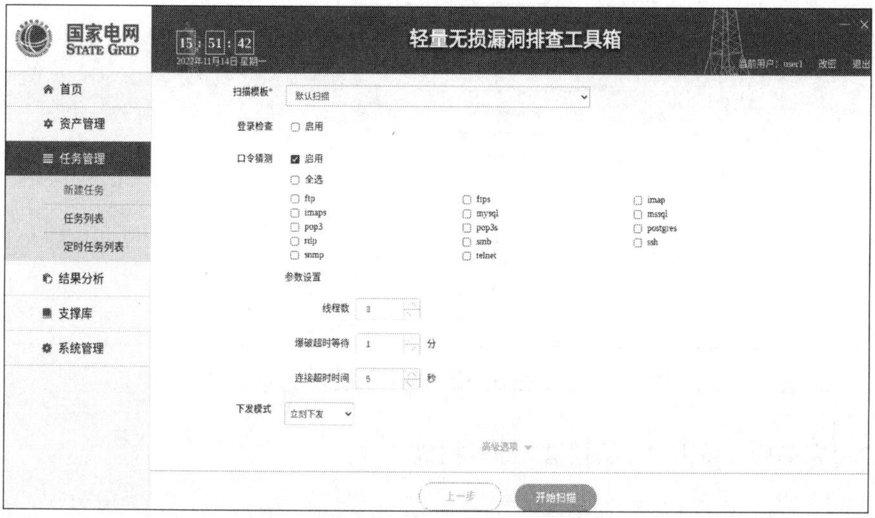

图 5-10　扫描配置

口令猜测：对扫描对象的服务进行弱口令猜测，可通过修改参数设置进行调整，增加爆破超时等待时间可提升准确性（见图 5-11）。

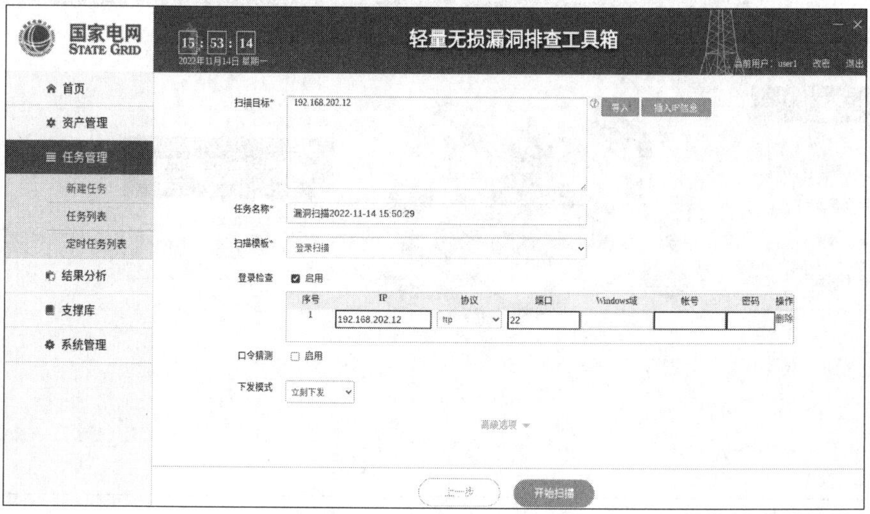

图 5-11　口令猜测

选择自定义模板，可进入高级选项，可以手动设置除了默认端口以外的端口，还可以自定义一些性能参数等其他参数(见图5-12)。

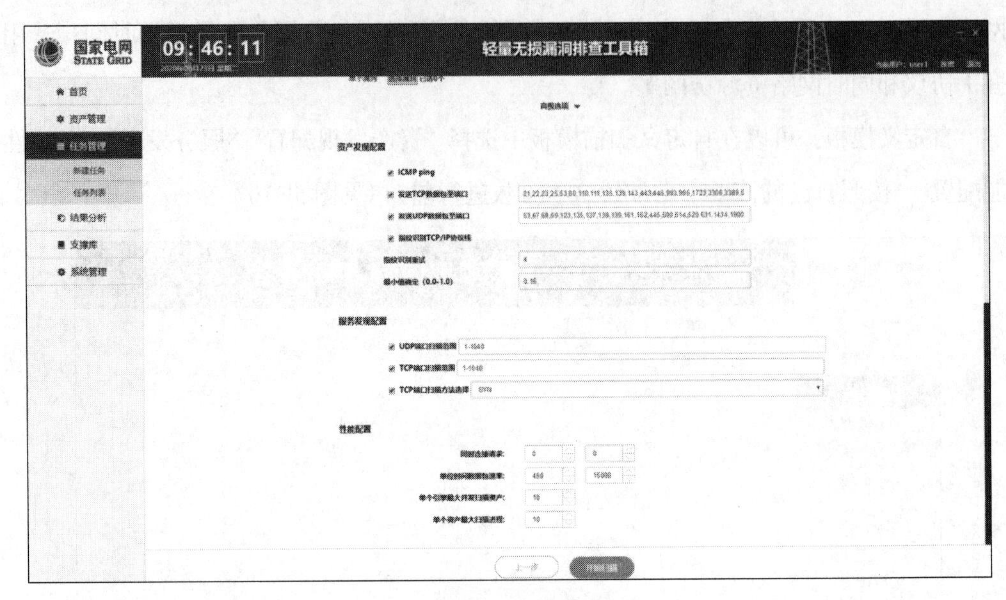

图5-12　高级配置

填写完毕后，单击“开始扫描”即可扫描。

5.4.3.2.2　在线安全配置核查

该功能分为在线安全配置核查和离线安全配置核查(见图5-13)。

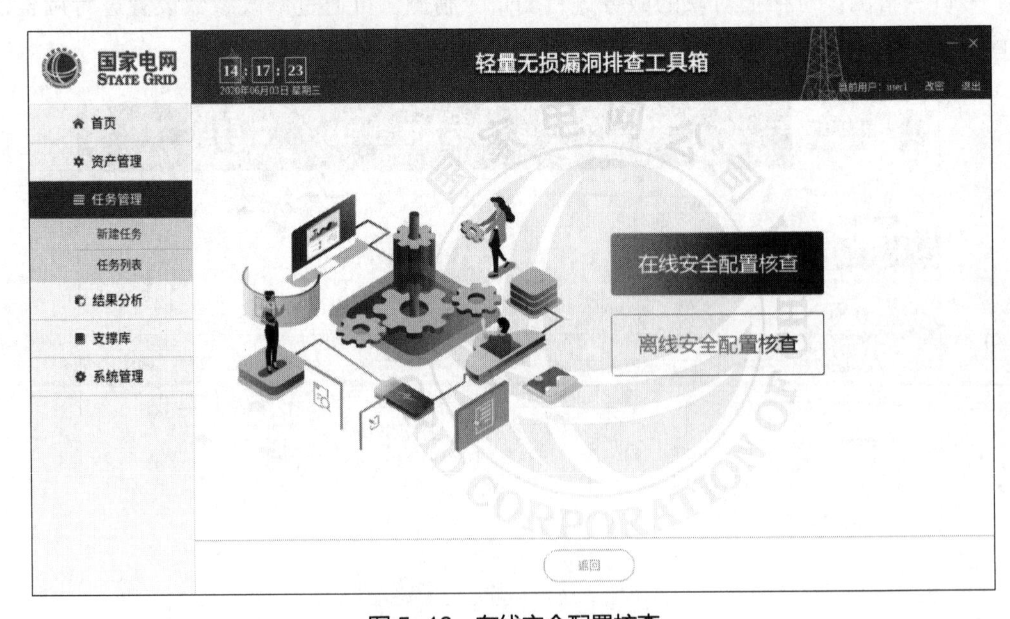

图5-13　在线安全配置核查

选中后点击下一步，填写详细内容（见图 5-14）。

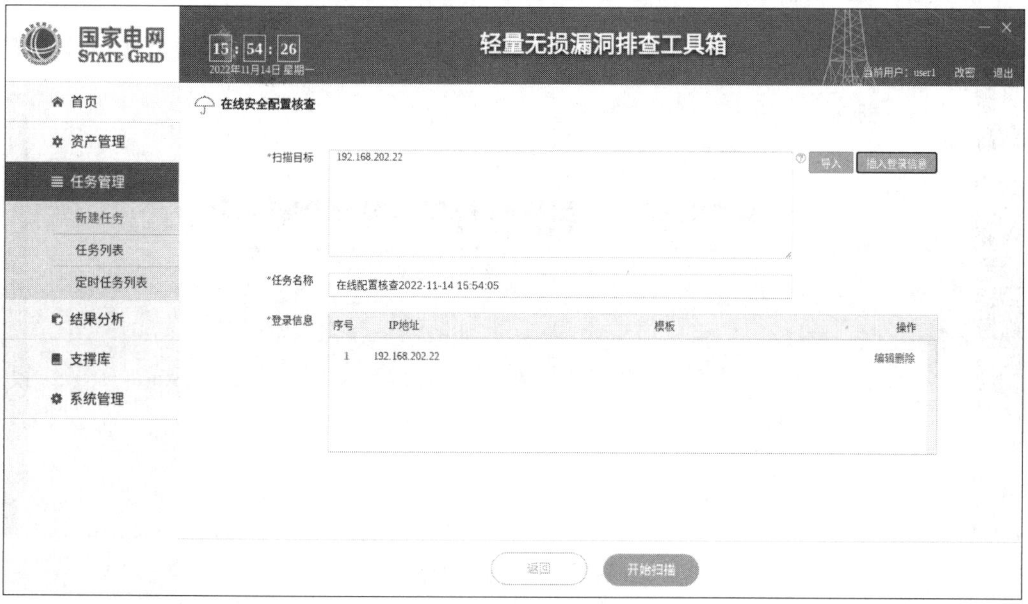

国家电网
STATE GRID
15 : 54 : 26
2022年11月14日 星期一
轻量无损漏洞排查工具箱
当前用户：user1　改密　退出
首页
资产管理
任务管理
新建任务
任务列表
定时任务列表
结果分析
支撑库
系统管理
在线安全配置核查
*扫描目标　192.168.202.22　导入　插入登录信息
*任务名称　在线配置核查2022-11-14 15:54:05
*登录信息

序号	IP地址	模板	操作
1	192.168.202.22		编辑删除

返回　开始扫描

图 5-14　核查配置

扫描目标可手动输入也可从资产列表导入。点击“插入登录信息”后点击“编辑”，可对目标进行配置并选择检查模板，验证登录信息和操作系统模板是必须的，否则没实现登录，导致选择错误的操作系统，基线核查的结果无意义（见图 5-15、图 5-16）。

信息列表
基本信息
*IP　192.168.202.22
*登录协议　ssh　*登录端口　22
*用户名　root　*密码　••••••••••
验证并自动匹配模板　匹配失败
配置模板
*安评模板　默认
操作系统模板　Linux　Linux_Centos
网络设备模板　cisco_switch
安全设备模板　fortinet_firewall
虚拟化模板　vmware_esxi
取消　保存

图 5-15　登录验证

图 5-16　配置模板

安全配置核查支持 Linux 系统的核查，核查的范围为：操作系统、网络设备、安全设备、虚拟化设备、数据库的安全配置核查。

在基本信息处配置检查目标的登录协议、登录端口、用户名、密码等信息，配置完成后点击验证，并自动识别目标设备的操作系统类型和自动匹配检查模板，当自动匹配结果不正确时用户也可手动选择检查模板。当目标设备上运行有数据库时需在数据库中配置数据库的远程连接信息。

5.4.3.2.3　离线安全配置核查

针对部分目标设备不能远程的问题，工具箱提供离线安全配置核查。在选择检查目标后，可下载目标设备对应的离线检查脚本在目标设备上运行，并在任务列表中将检查结果 TXT 文件回导，平台将对设备的连线检查结果进行分析（见图 5-17~图 5-19）。

图 5-17　离线核查

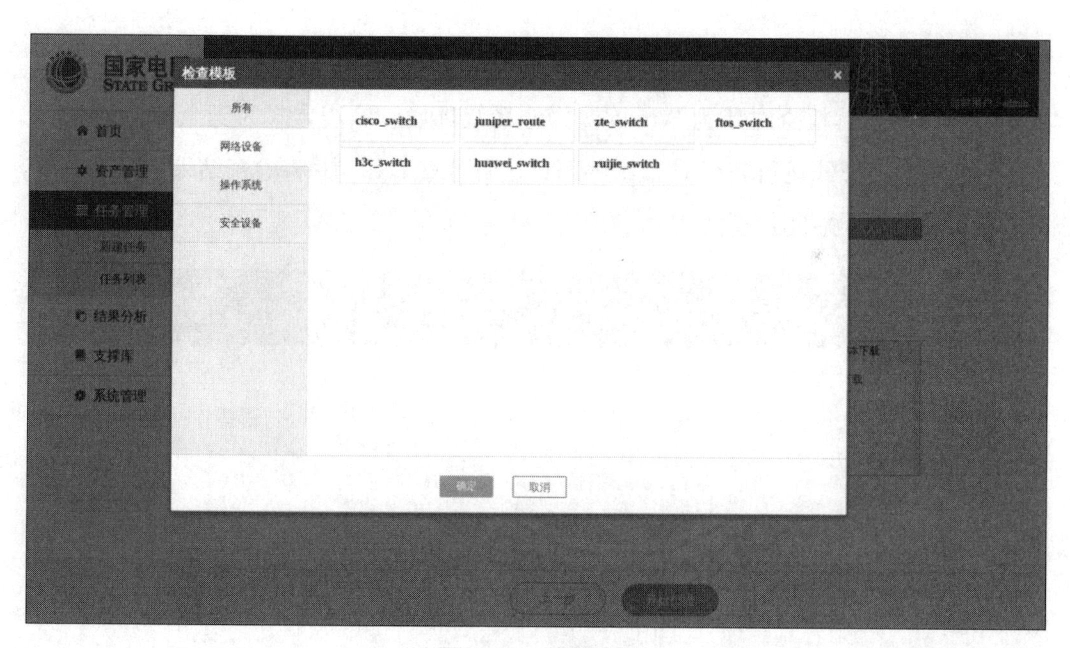

图 5-18　模板选择

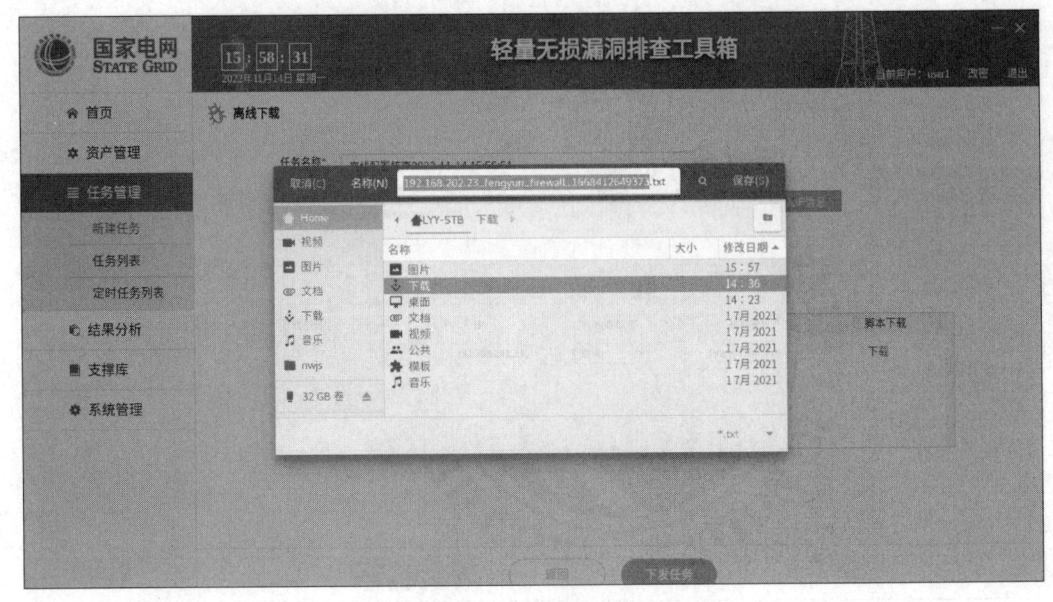

图 5-19　模板下载

5.4.3.2.4　恶意代码检测工具

恶意代码工具检查对象为 Windows 操作系统环境，检查方式为安全 U 盘离线检查：在目标设备离线运行安全 U 盘中的恶意代码检查工具，并将检查结果回导平台进行结果分析（见图 5-20）。

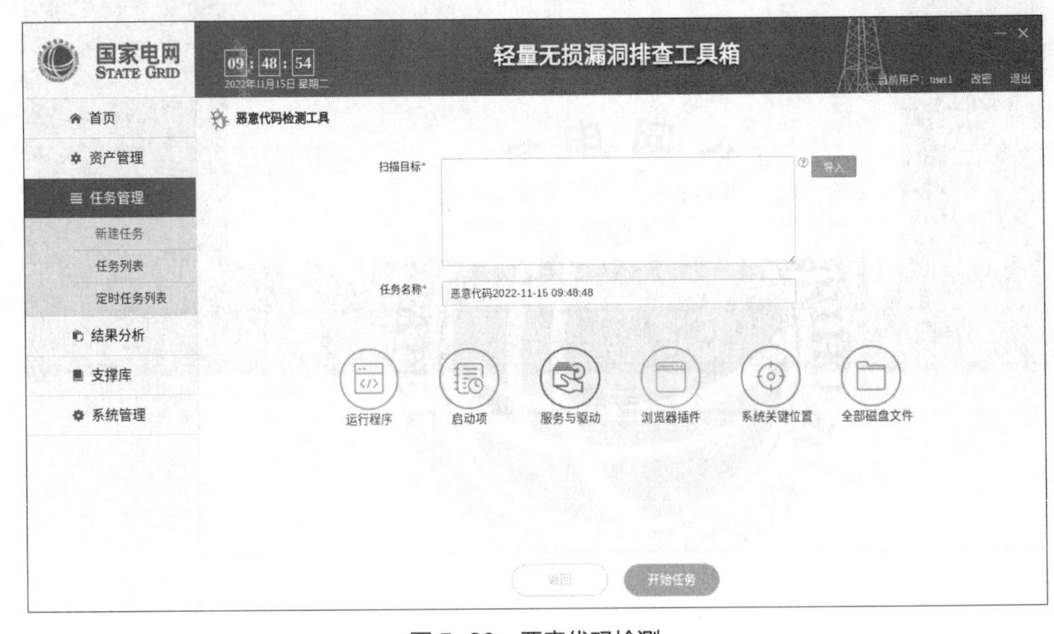

图 5-20　恶意代码检测

5.4.3.2.5　专用插件工具

专用插件扫描可准确识别针对电力终端主机操作系统、中间件、应用软件漏洞的识别与利用。新建插件任务，输入扫描目标，选择“全部”，进行所有插件扫描 (见图 5–21)。

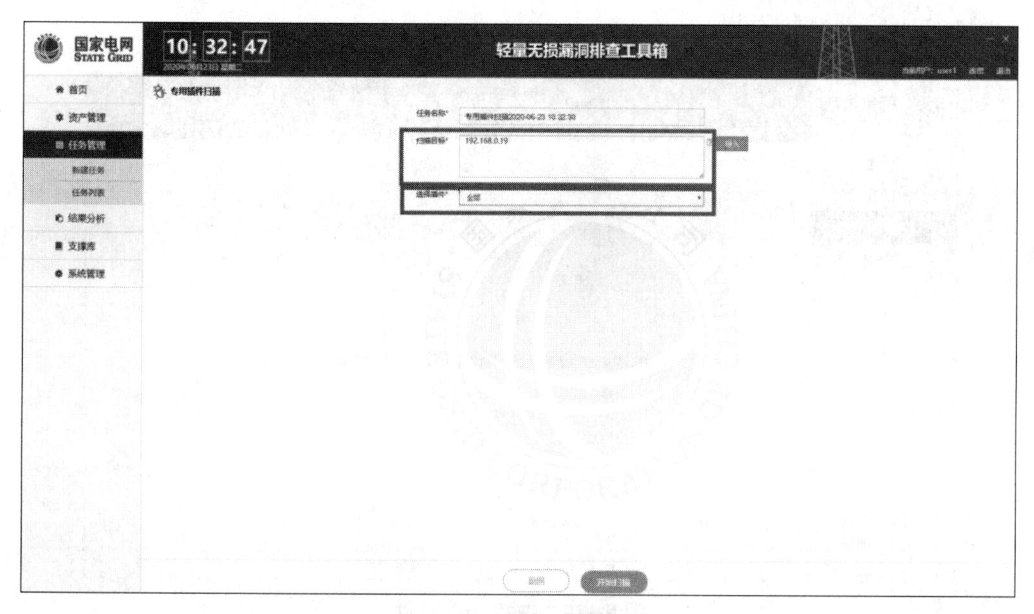

图 5–21　插件扫描任务

选择插件 weblogic 扫描：选择插件“自定义”，搜索框中输入 weblogic, 勾选所有搜索出来的插件 (见图 5–22)。

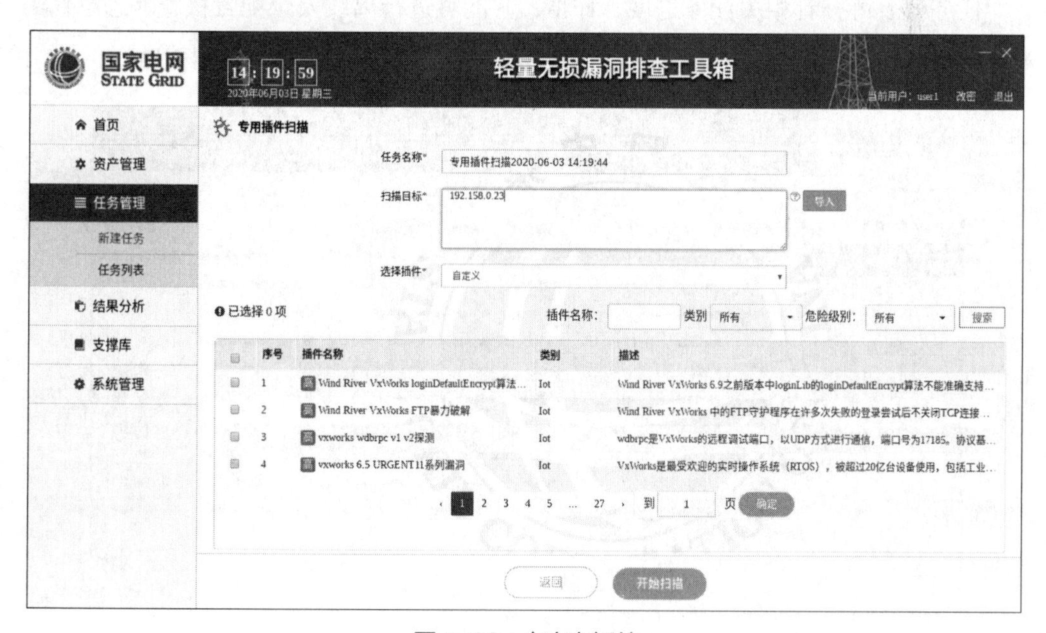

图 5–22　自定义插件

5.4.3.2.6 移动 APP 检测工具

移动 APP 插件扫描实现对电力移动应用 APP 应用权限与敏感 API、应用安全缺陷、应用安全编码漏洞和应用敏感信息的检测。新建任务，选择要扫描的目标 apk 文件进行扫描（见图 5-23）。

图 5-23 选择 apk 文件

5.4.3.3 任务列表

任务列表可查看相关任务进度、详情，并能够进行离线安全配置核查、恶意代码检查结果的导入。若点击“删除”按钮，该项任务被终止并被删除（见图 5-24）。

序号	任务名称	任务类型	开始时间	结束时间	操作员	进度	操作
1	漏洞扫描2020-06-03 11:20:44	系统漏扫	2020-06-03 11:20:52	2020-06-03 11:29:14	user1	100%	详情 删除 报告
2	一键扫描2020-06-02 10:44:06	一键无损扫描	2020-06-02 10:44:26	2020-06-02 10:52:46	user1	100%	详情 删除 报告
3	专用插件扫描2020-06-02 10:43:12	专用插件扫描	2020-06-02 10:43:21	2020-06-02 10:46:47	user1	100%	详情 删除 报告
4	漏洞扫描2020-06-01 16:59:04	系统漏扫	2020-06-01 16:59:26	2020-06-01 17:15:50	user1	100%	详情 删除 报告
5	漏洞扫描2020-06-01 16:58:49	系统漏扫	2020-06-01 16:58:58	2020-06-01 17:08:03	user1	100%	详情 删除 报告
6	漏洞扫描2020-06-01 16:58:34	系统漏扫	2020-06-01 16:58:43	2020-06-01 17:08:02	user1	100%	详情 删除 报告
7	漏洞扫描2020-06-01 16:58:12	系统漏扫	2020-06-01 16:58:29	2020-06-01 17:06:49	user1	100%	详情 删除 报告
8	脆弱性扫描	系统漏扫	2020-06-01 15:04:12	2020-06-01 15:12:32	user1	100%	详情 删除 报告
9	脆弱性漏洞扫描	系统漏扫	2020-06-01 14:47:41	2020-06-01 14:56:15	user1	100%	详情 删除 报告
10	30quanpan恶意代码2020-05-29 10:06:58	恶意代码（在线）	2020-05-29 10:07:56	2020-05-29 12:04:04	user1	100%	详情 删除 报告

图 5-24 任务列表

点击上面一条任务项后的“详情”按钮，进入如图 5–25 所示界面，可查看任务详情。

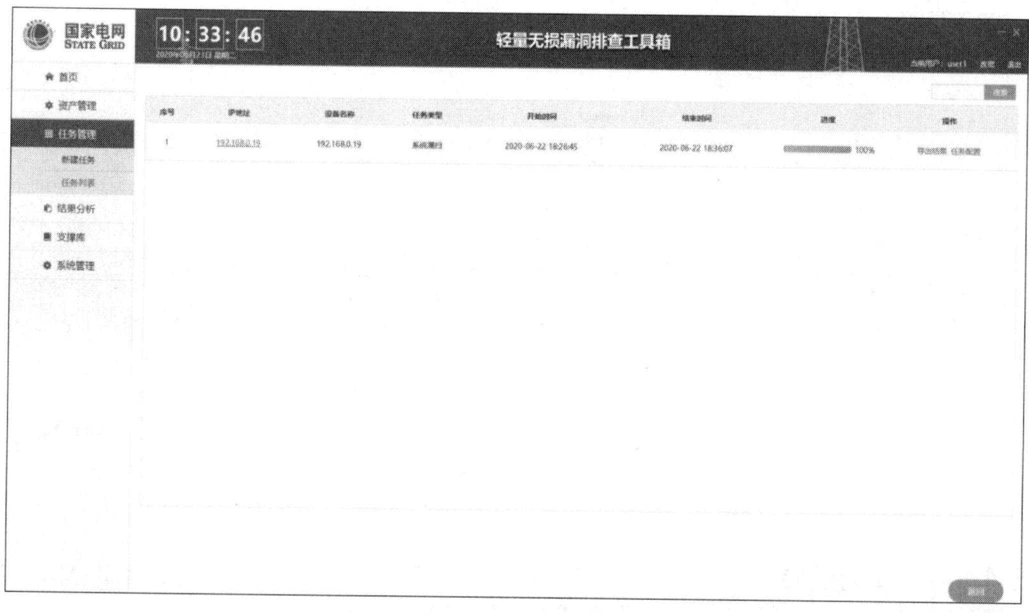

图 5–25　任务详情

点击上图中的 IP 地址，可以查看检查漏洞详情（见图 5–26）。

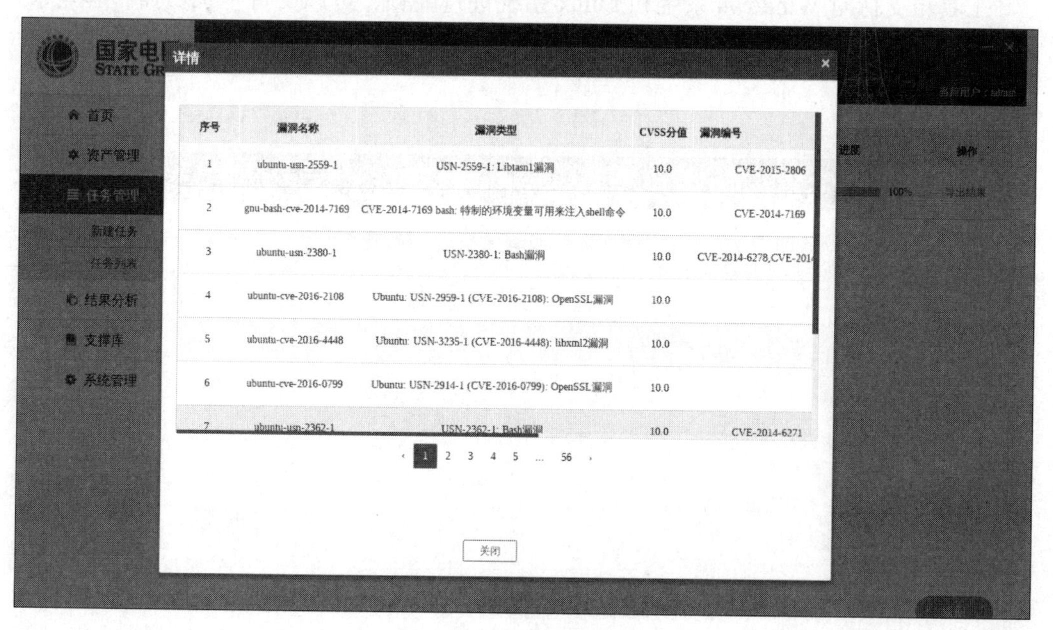

图 5–26　扫描结果

接着点击图中的“导出结果”，可以把详细报告导出后查看（见图 5–27）。

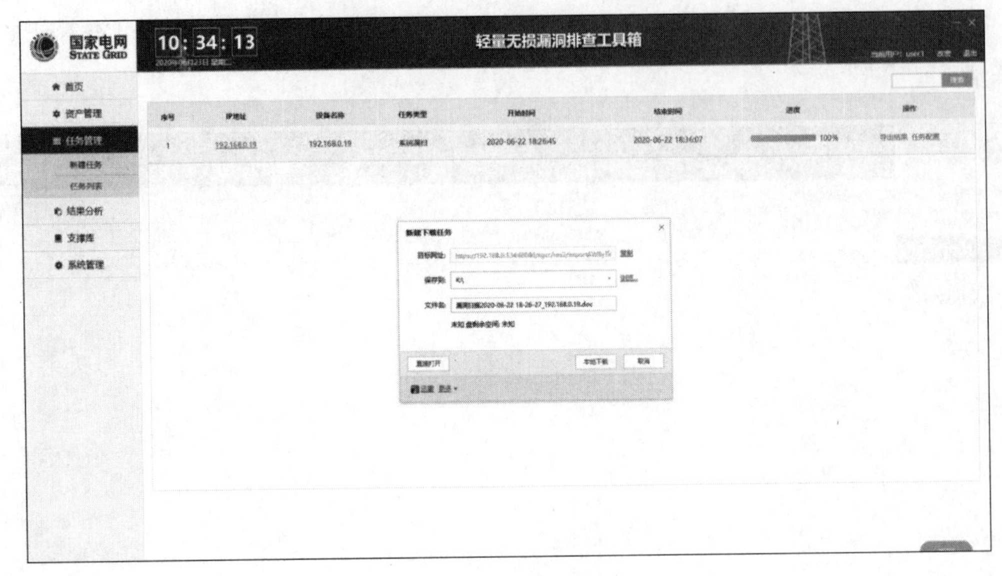

图 5-27　导出结果

5.4.3.4　漏洞扫描

5.4.3.4.1　操作系统

工具箱支持对 Windows 系统和 Linux 系统进行漏扫，可以支持登录扫描和非登录扫描。如下对 redhat6.5 扫描默认扫描，填写扫描目标，修改任务名称，填写登录信息（见图 5-28）。

图 5-28　操作系统扫描

扫描结束以后进度显示 100%，进入后点击任务的 IP 可以在线查看扫描的结果（见图 5-29）。

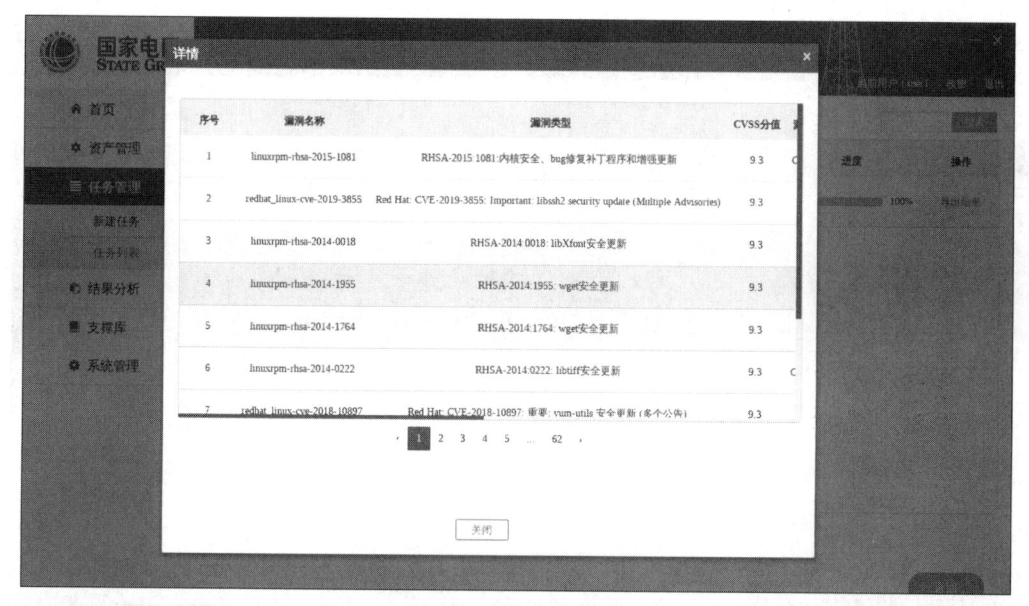

图 5-29　扫描结果

也可以在子任务中点导出结果按钮，导出 word 版报告，报告见图 5-30。

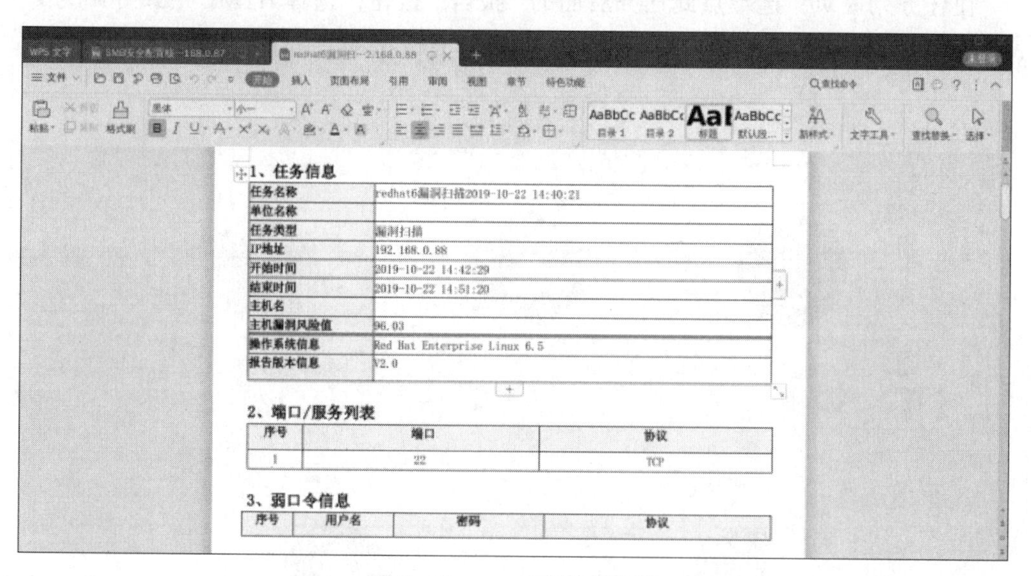

1、任务信息

任务名称	redhat6漏洞扫描2019-10-22 14:40:21
单位名称	
任务类型	漏洞扫描
IP地址	192.168.0.88
开始时间	2019-10-22 14:42:29
结束时间	2019-10-22 14:51:20
主机名	
主机漏洞风险值	96.03
操作系统信息	Red Hat Enterprise Linux 6.5
报告版本信息	V2.0

2、端口/服务列表

序号	端口	协议
1	22	TCP

3、弱口令信息

序号	用户名	密码	协议

图 5-30　word 版扫描报告

5.4.3.4.2　数据库

工具箱支持对金仓、达梦、oracle 等数据库的扫描，下面给一个 win server2008 下

oracle 扫描的样例。Windows 下默认扫描，勾选登录检查，输入登录协议为 SMB，端口 445，靶机的用户名和密码要输入（见图 5-31）。

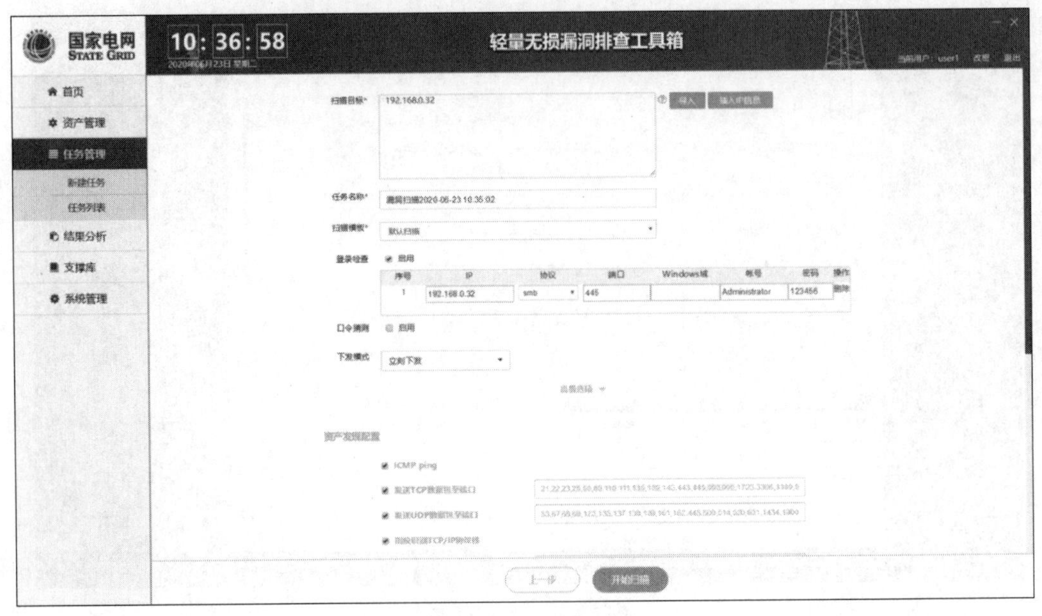

图 5-31　数据库扫描

在任务列表页，选择点此任务后面的“报告”按钮，选择 HTML 格式导出为 zip 格式文件，解压后进入 HTML 文件夹，双击打开 HTML 格式漏扫报告（见图 5-32）。

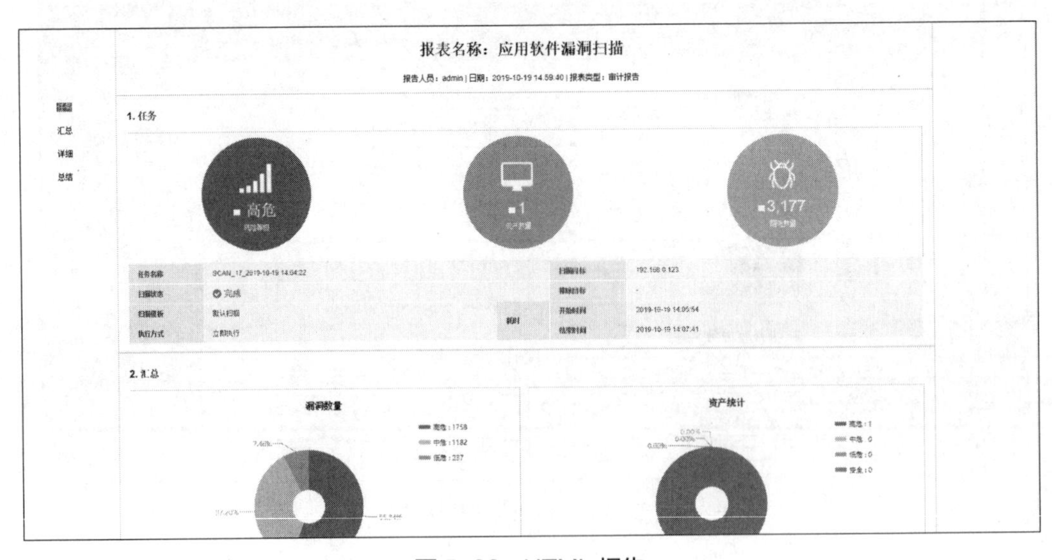

图 5-32　HTML 报告

在 HTML 报告中搜索出 oracle 相关的漏洞（见图 5-33）。

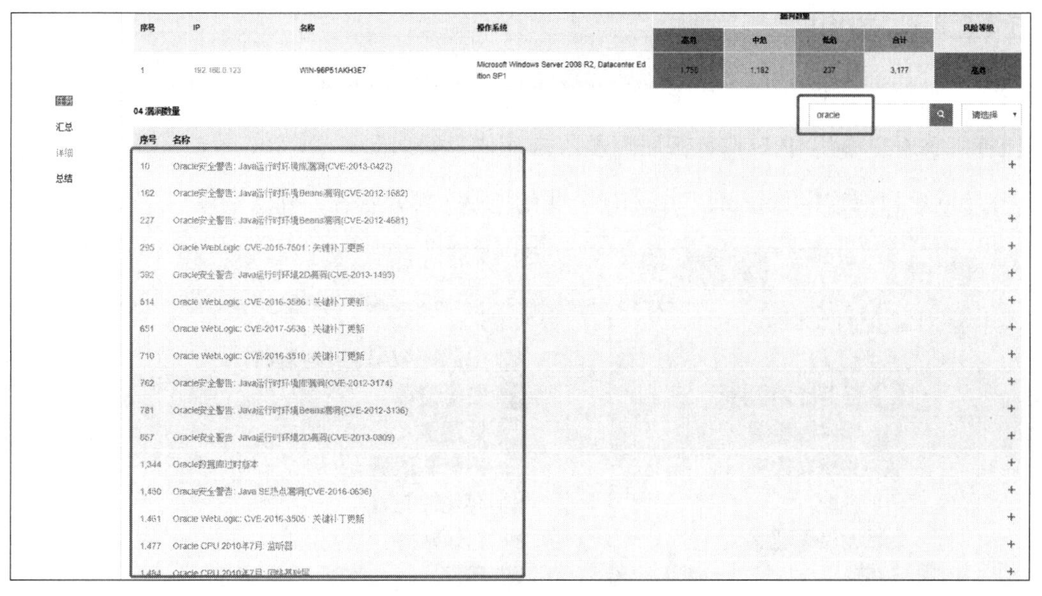

图 5-33　漏洞检索

5.4.3.4.3　中间件

工具箱支持对 WebLogic、Apache、Tomcat、JBoss 等中间件的扫描，下面给一个 CentOS 下 WebLogic 和 JBoss 扫描的样例。

扫描的方法如 5.4.3.4.2 节中一样进行 smb 方式登录扫描，查看 win server2008 下 WebLogic 的 HTML 扫描报告样例（见图 5-34）。

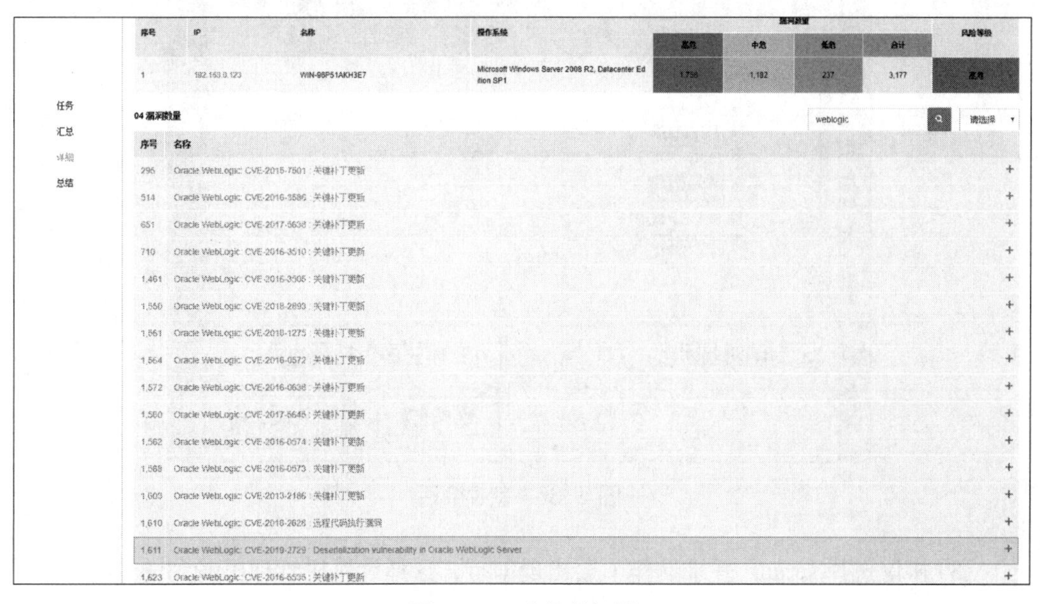

图 5-34　中间件扫描

5.4.3.4.4　交换机

工具箱支持对华为、中兴等交换机的扫描，下面以华为交换机为例。首先，通过计算机查看交换的 IP 等信息，如图 5-35~ 图 5-39 所示。

(1) 串口线连接 console 口，右击“我的电脑”打开管理，确认端口。

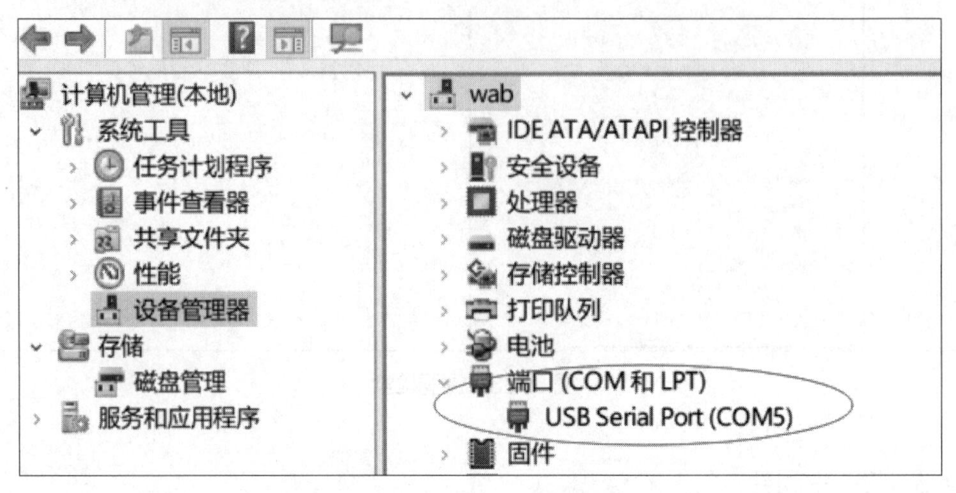

图 5-35　console 选择

(2) 打开 CRT 新建会话。

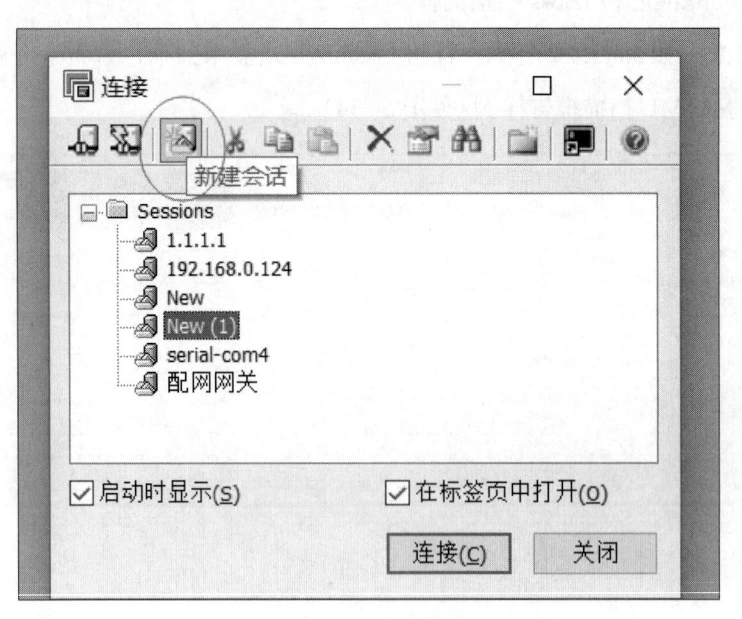

图 5-36　新建会话

(3) 协议选择 serial，登录动作下会出现串行，选择计算机管理里看到的 COM 口。

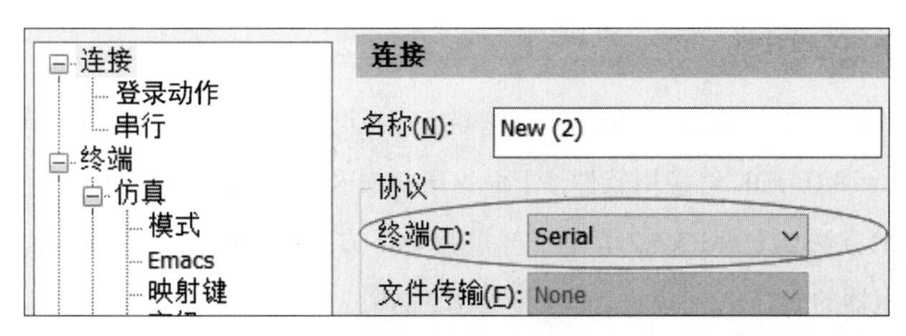

图 5-37　协议选择

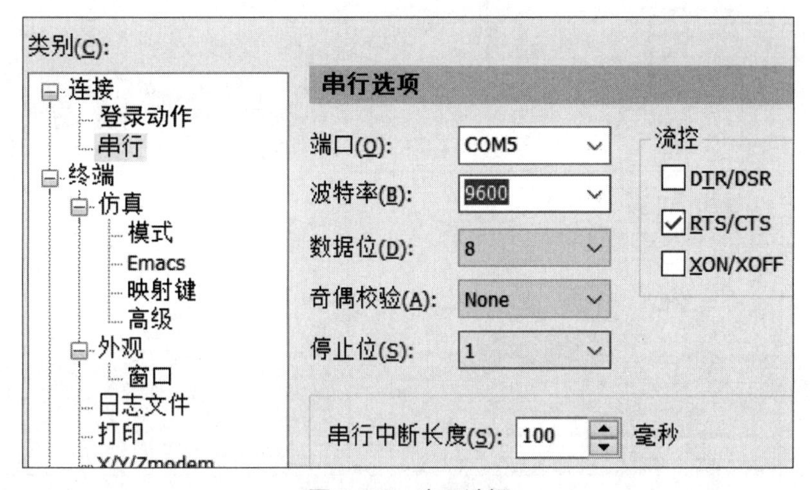

图 5-38　串口选择

(4) 输入 sys 进入特权模式，输入 dis cu，查看 IP 地址。

```
[USAP-TEST]display current-configuration
#
 sysname USAP-TEST
#
radius scheme system
#
domain system
#
vlan 1 to 2
#
interface Vlan-interface1
 ip address 192.168.100.1 255.255.255.0
#
interface Vlan-interface2
 ip address 192.168.200.1 255.255.255.0
```

图 5-39　查看配置

扫描方式参见 5.4.3.4 节选择登录扫描。

5.4.3.4.5 应用软件

系统支持对 IE 浏览器、Chrome 浏览器、火狐浏览器、Adobe Flash Player、Adobe Reader、Java JRE/JDK 等应用软件，下面给出扫描这些应用软件的样例。

扫描的方法如上 5.4.3.4.2 节中一样进行 smb 方式登录扫描，查看 win server2008 下火狐浏览器的 HTML 扫描报告样例（见图 5-40）。

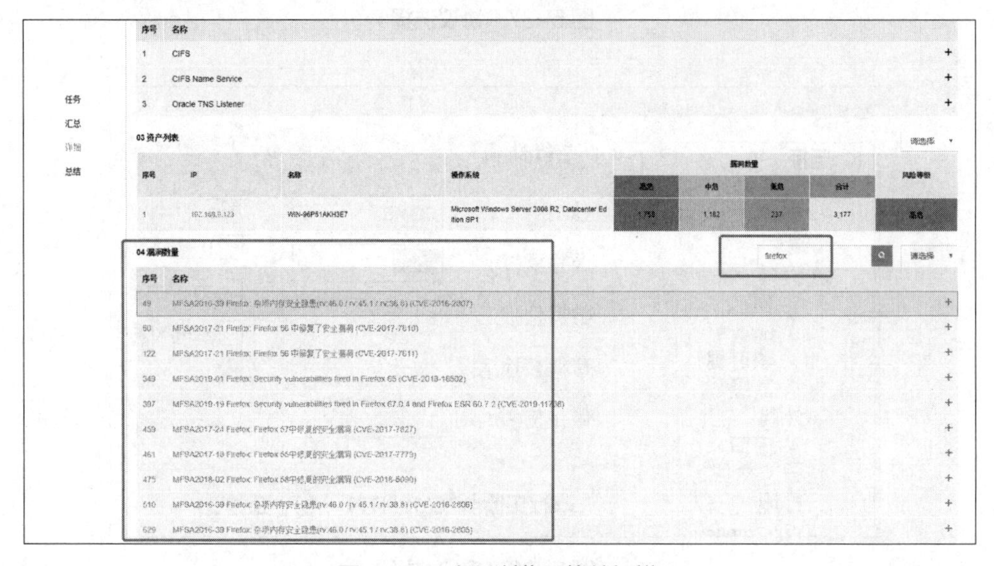

图 5-40 火狐浏览器软件扫描

扫描的方法如 5.4.3.4.2 节中一样进行 smb 方式登录扫描，查看 win server2008 下 Adobe Flash Player 的 HTML 扫描报告样例（见图 5-41）。

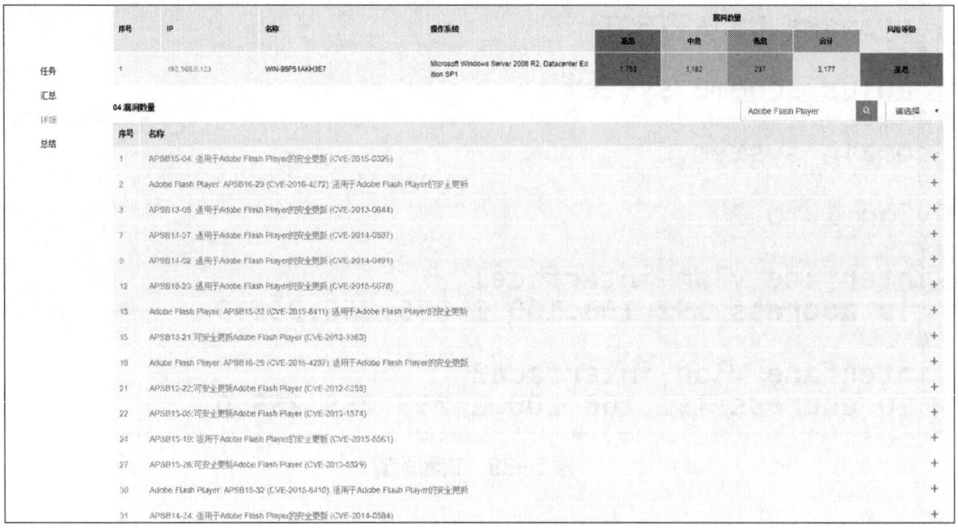

图 5-41 Adobe Flash Player 软件扫描结果

扫描的方法如 5.4.3.4.2 节中一样进行 smb 方式登录扫描，查看 win server2008 下 Adobe Reader 的 HTML 扫描报告样例（见图 5–42）。

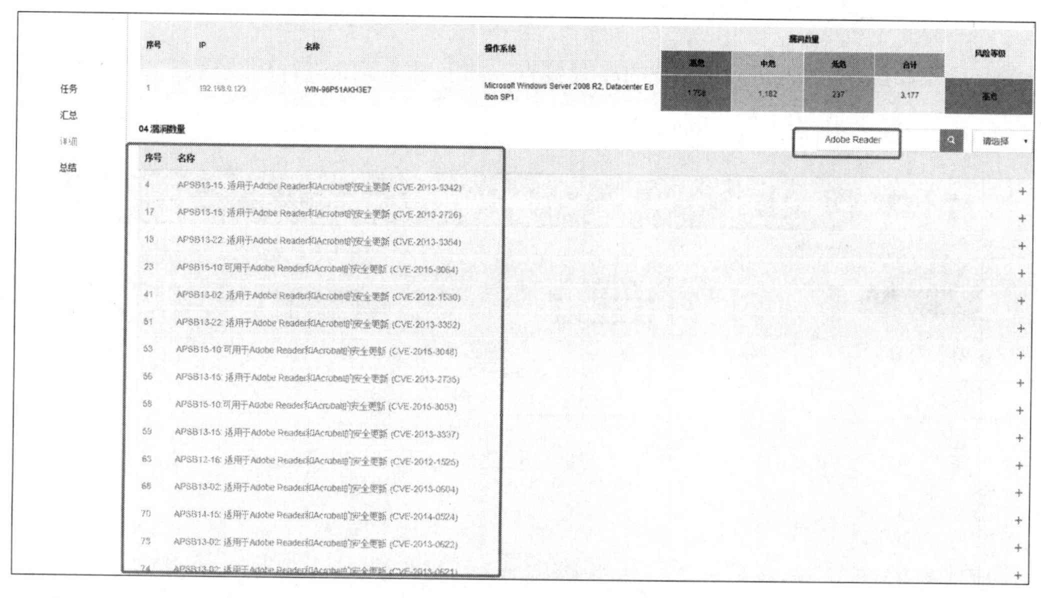

图 5–42　扫描过滤

扫描的方法如 5.4.3.4.2 节中一样进行 smb 方式登录扫描，查看 win server2008 下 Java JRE/JDK1.7.0 的 HTML 扫描报告样例（见图 5–43）。

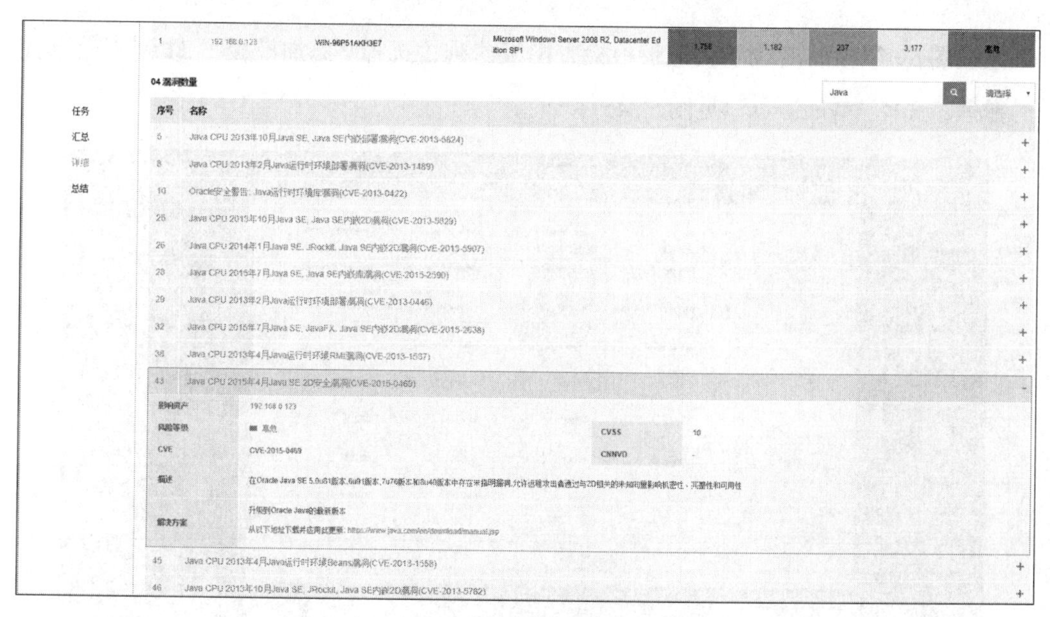

图 5–43　问题明细

5.4.3.5 配置核查

5.4.3.5.1 离线扫描 Windows

工具箱支持对 Windows 系统的离线核查，如下对 win10 进行离线核查，填写扫描目标后点击“插入 IP 信息”，下面会生成一行扫描 IP 的信息，修改任务名称（见图 5-44）。

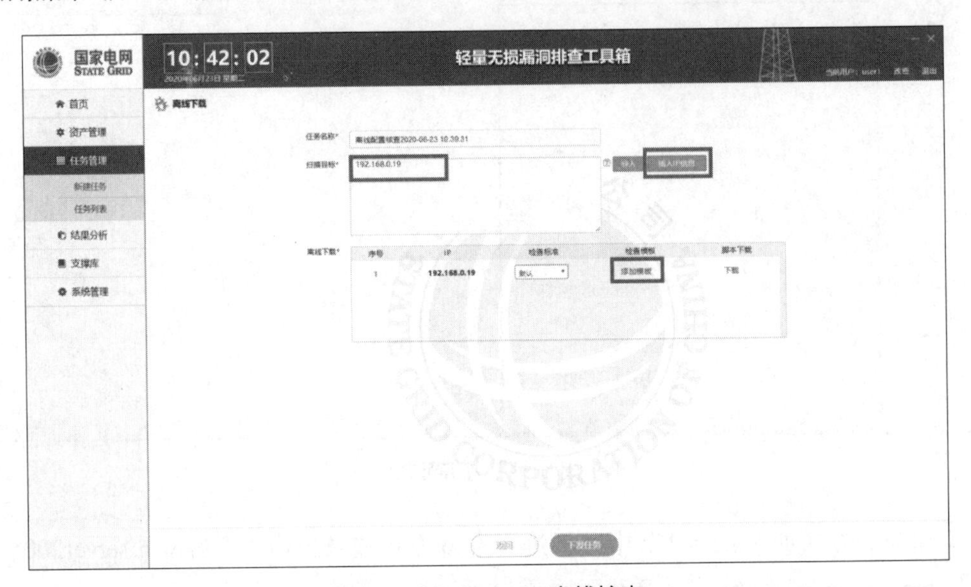

图 5-44　Windows 离线核查

在图 5-44 中的离线下载记录中检查模板这列，选择“添加模板”，跳到模板选择的弹框，选择“Windows”（见图 5-45）。

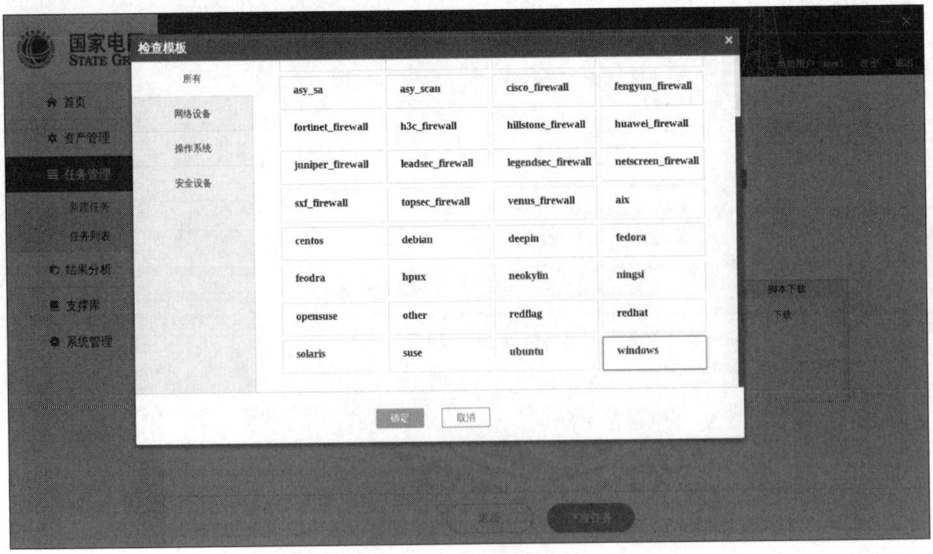

图 5-45　模板选择

点击“下载模板”，然后选择保存到 U 盘中，拷贝到被检测的机器 win10 上去执行这个程序（见图 5-46）。

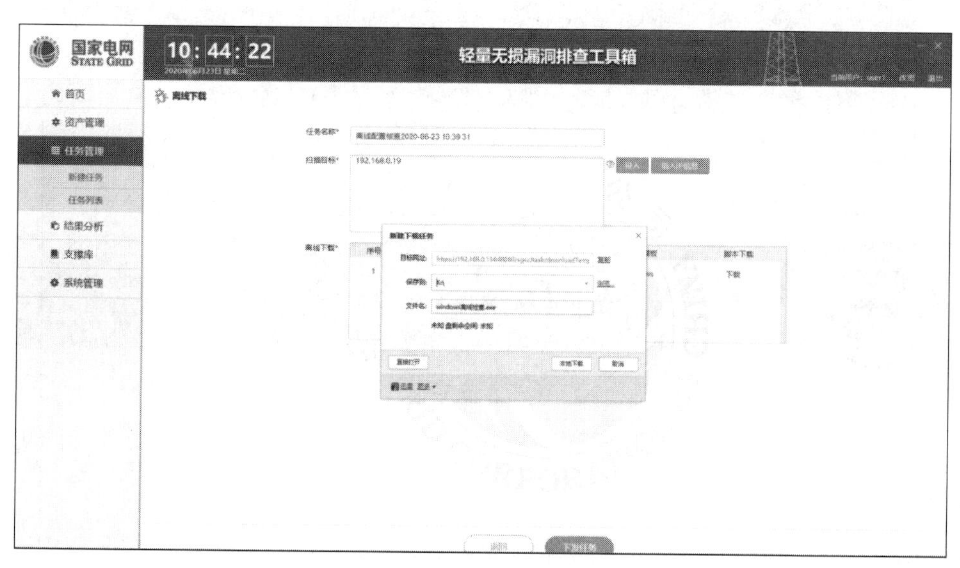

图 5-46　程序下载

在靶机上运行 Windows 离线检查 .exe，其中本机 IP 选择 win10 的 IP 地址，然后点击“开始扫描”（见图 5-47）。

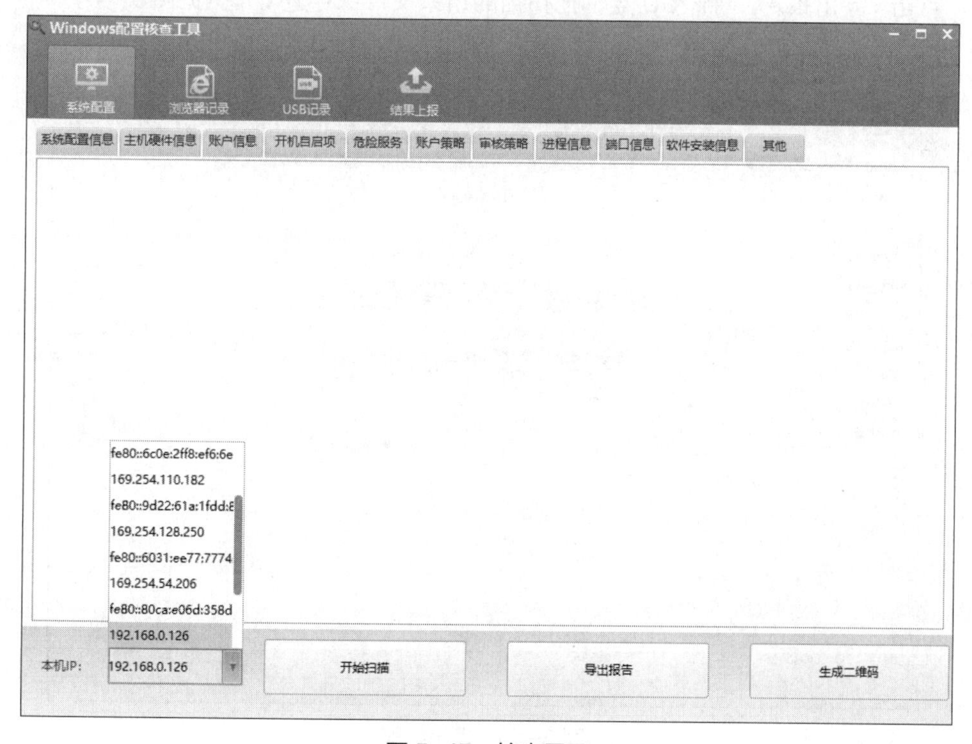

图 5-47　核查界面

在 win10 靶机上运行 Windows 离线检查 .exe，扫描完成（见图 5–48）。

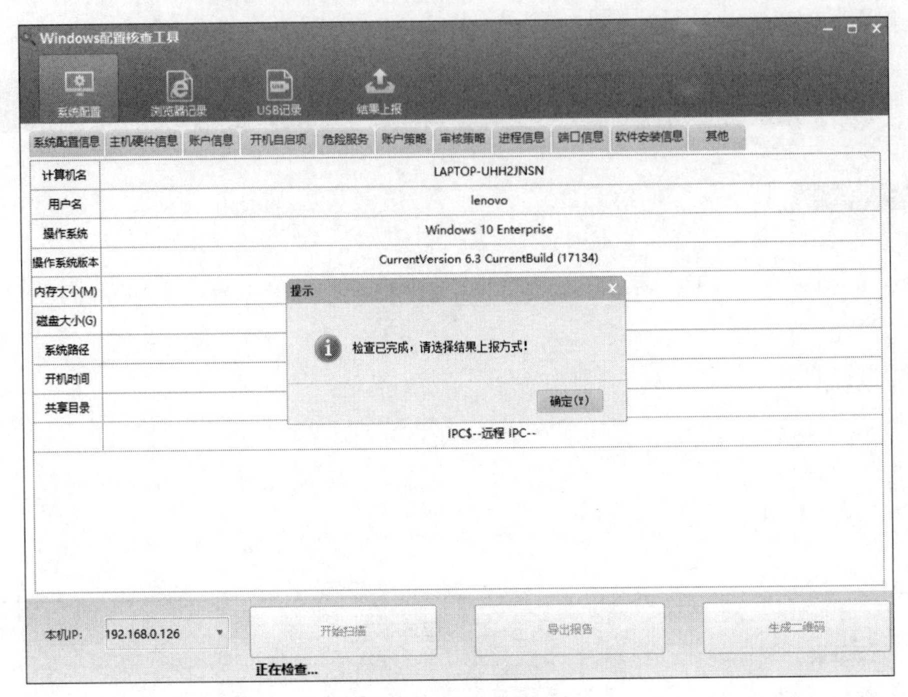

图 5–48　核查结果

点击“导出报告”，插入 U 盘，把扫描的结果文件保存进 U 盘（见图 5–49）。

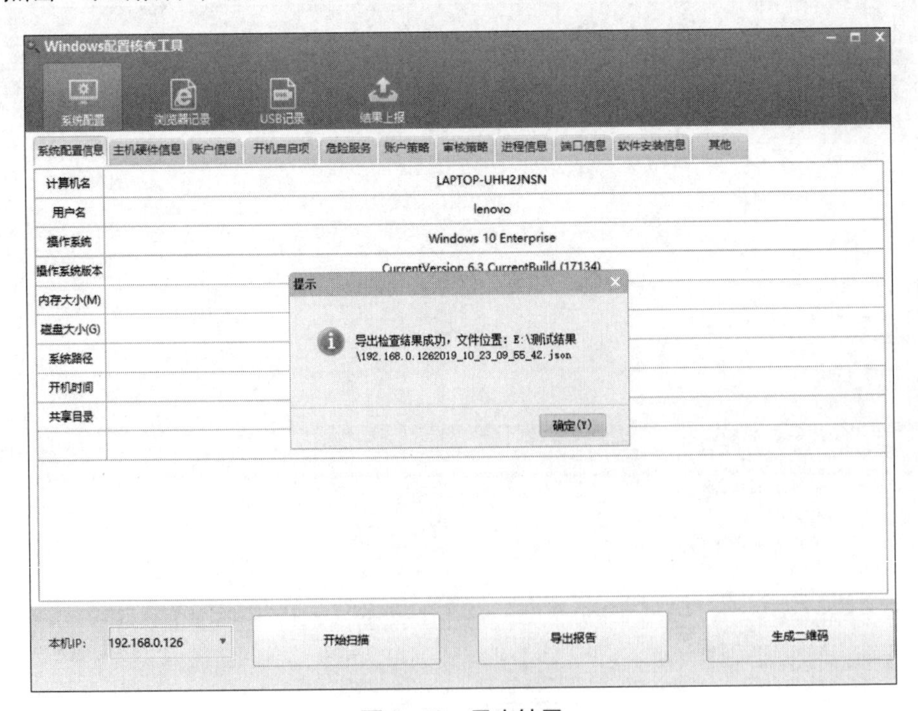

图 5–49　导出结果

在 Windows 配置核查任务中点击“详情”，上传主机扫描出来的 json 文件（见图 5-50、图 5-51）。

国家电网 STATE GRID　10:53:48　轻量无损漏洞排查工具箱

首页　资产管理　任务管理　新建任务　任务列表　结果分析　支撑库　系统管理

序号	任务名称	任务类型	开始时间	结束时间	操作员	进度	操作
1	离线配置核查2020-06-23 10:39:31	配置核查（离线）	2020-06-23 10:52:44	-	user1	0%	详情 删除
2	恶意代码2020-06-22 18:31:14	恶意代码（在线）	2020-06-22 18:32:05	2020-06-22 18:35:53	user1	100%	详情 删除 报告
3	在线配置核查2020-06-22 18:26:57	配置核查（在线）	2020-06-22 18:31:01	2020-06-22 18:31:39	user1	100%	详情 删除 报告
4	漏洞扫描2020-06-22 18:26:27	系统漏扫	2020-06-22 18:26:45	2020-06-22 18:36:07	user1	100%	详情 删除 报告
5	恶意代码2020-06-16 15:08:13	恶意代码（在线）	2020-06-16 15:34:50	2020-06-16 15:38:52	user1	100%	详情 删除 报告
6	在线配置核查2020-06-16 15:07:22	配置核查（在线）	2020-06-16 15:08:06	2020-06-16 15:08:27	user1	100%	详情 删除 报告
7	一键扫描2020-06-16 15:07:10	一键无损扫描	2020-06-16 15:07:17	2020-06-16 15:10:58	user1	100%	详情 删除 报告

图 5-50　选择任务

图 5-51　上传结果

等进度条显示 100%，点击图 5-51 中的 IP 地址，在线展示基线核查的结果（见图 5-52）。

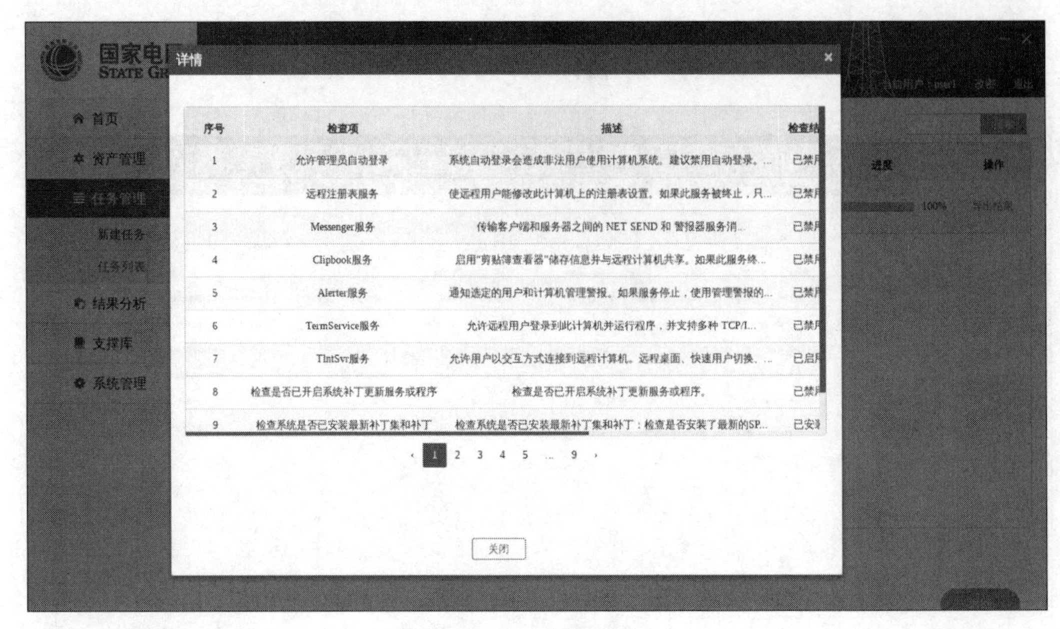

图 5-52　查看结果

5.4.3.5.2　在线扫描 Linux 系统

工具箱支持对 Linux 系统的在线核查，如下对 redhat6.5 进行在线核查，填写扫描目标后点击“插入 IP 信息”，下面会生成一行扫描 IP 的信息，修改任务名称（见图 5-53）。

图 5-53　Linux 在线核查

点击图 5-53 中“登录信息”栏的扫描目标的编辑按钮，然后把红色型号部分登录端口设置为 22，正确输入用户名和密码，点击“验证并自动匹配模板”(见图 5-54)。

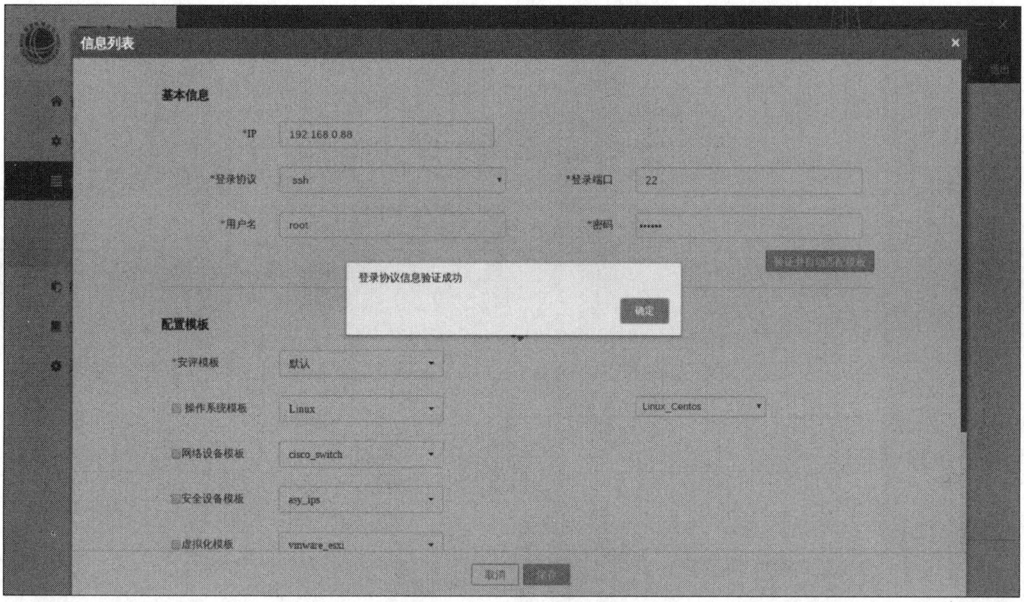

图 5-54　自动验证

页面弹出“登录协议信息验证成功”，点击“确定”，红框自动勾选匹配的操作系统 redhat（见图 5-55）。

图 5-55　自动匹配

扫描结束后，进度条显示100%，可以点击子任务的IP地址，查看在线基线核查结果（见图5-56）。

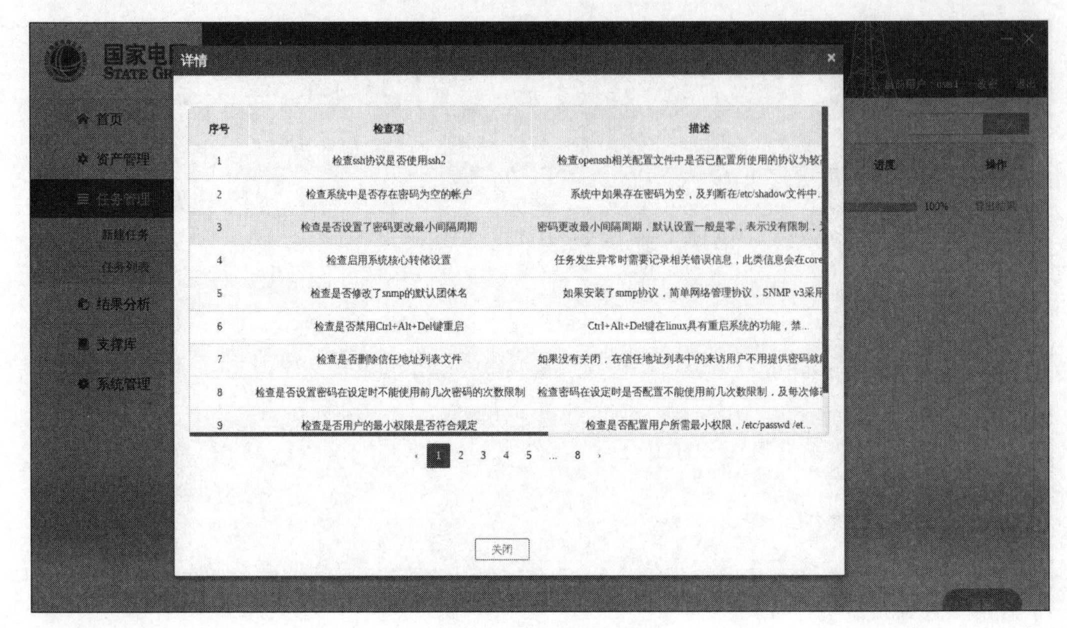

图5-56　结果查看

5.4.3.5.3　在线扫描数据库

工具箱支持对金仓、达梦、oracle、mysql等数据库的在线扫描，下面给一个redhat6.5下oracle扫描的样例。其中新建任务和对oracle所在的服务器进行登录验证匹配操作系统参考5.4.3.2.2节。

匹配了操作系统redhat可以把之前勾选的按钮去掉，然后勾选数据库，新增oracle数据库，这样之后核查出来的报告只展示oracle相关的核查策略。oracle在核查时要输入sys用户（sys用户默认是有dba权限的），端口填1521，角色填SYSDBA，sys的密码和服务名根据实际来填写（见图5-57）。

图 5-57　数据库在线核查

扫描 oracle 完成后界面显示 redhat 的在线核查结果（见图 5-58）。

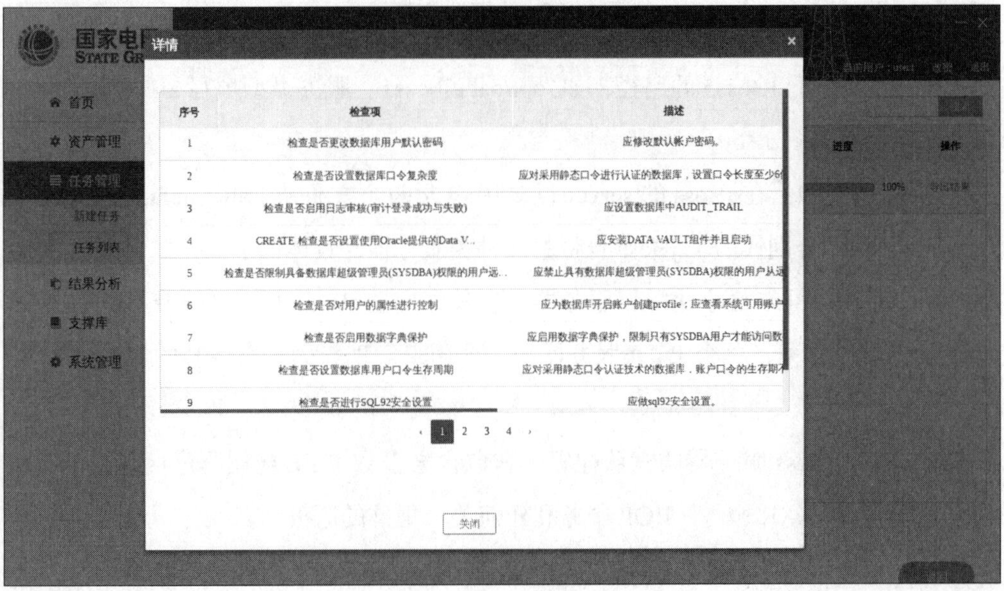

图 5-58　核查结果

5.4.3.5.4　在线扫描 Linux 的中间件

工具箱支持对 Linux 下 WebLogic、Apache、Tomcat、JBoss 等中间件的扫描，下面给出 CentOS 下 WebLogic、JBoss、Tomcat 的核查样例。查看 CentOS 下 WebLogic

的路径，如 /config/config.xml 或者 /conf/server.xml，然后用上一级目录作为安装目录填入（示例：/root/Oracle/Middleware/user_projects/domains/base_domain）（见图 5−59）。

图 5−59　中间件核查

查看 CentOS 下 JBoss5 的路径，如 /opt/data/jboss5。服务类型填写 all, 安装目录为 /opt/data/jboss5（见图 5−60）。

关于服务类型：在 jBoss 的 server 目录中包含四个文件夹：all、default、standard 和 minimal，它们分别代表了 jBoss 自带的四种类服务器，具体如下：

minimal：是 jBoss 最小化配置服务器，它包含启动 jBoss 所需要的最小化的服务。它启动一个日志服务、一个 JNDI 服务器和一个用来发现新的发布内容的 URL 发布扫描器。

default：是 jBoss 服务器的默认配置，它包含大多数 J2EE 应用程序所需要的标准服务。它不包括 JAXR 服务、IIOP 服务和任何关于集群的服务。

all：是 jBoss 服务器的完整配置，它包含所有可用的服务，像 RMI/IIOP 和集群服务这些在 default 配置中不支持的服务。

standard：是 jBoss 服务器的标准配置。

图 5-60　服务配置

5.4.3.5.5　离线扫描交换机 / 路由器

工具箱支持对一些交换机进行离线扫描，下面给出扫描华为交换机的样例。首先，按照 5.4.3.4.4 节的方法配置交换机；然后新建离线配置核查任务，找到华为交换机的脚本并下载；接着，在交换机上执行，并将执行后的结果导入离线配置核查任务。

5.4.3.5.6　电力专有安评模板检测

配置核查在线对 Linux 机器按照电力专有核查模板进行核查。电力专有基线安评核查模板分别有“电力监控系统安全防护”“信息系统安全防护（网络安全、主机安全、边界安全）”“信息系统安全防护（仅终端设备及外设）”，在线基线核查时在登录检查页面中可以选择电力专有模板（见图 5-61）。

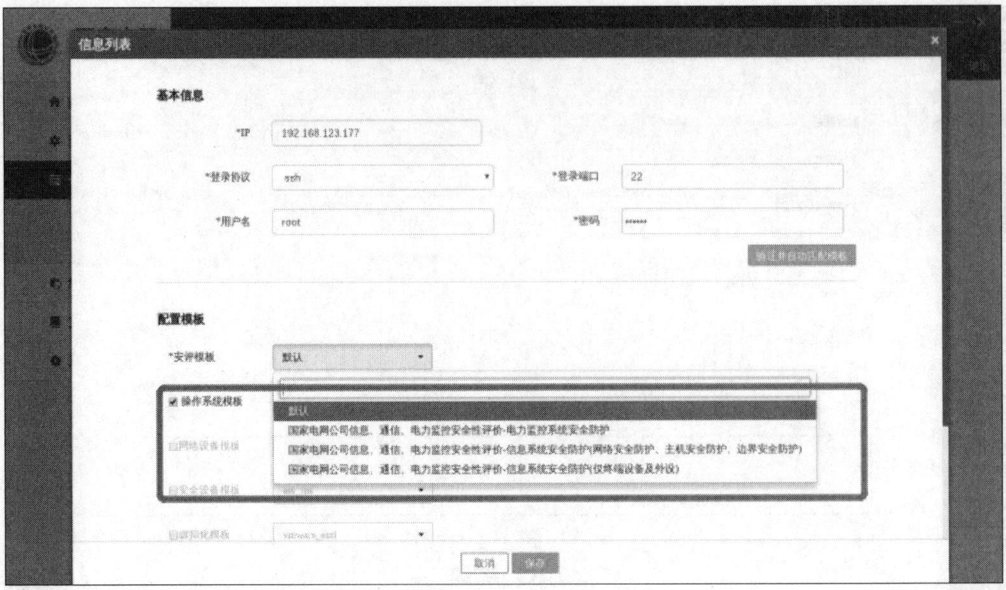

图 5-61　模板选择

5.4.3.6　恶意代码检测

5.4.3.6.1　离线 Windows 扫描

恶意代码离线 Windows 扫描时，选择“离线恶意代码检测”按钮，进入离线恶意代码检测（见图 5-62）。

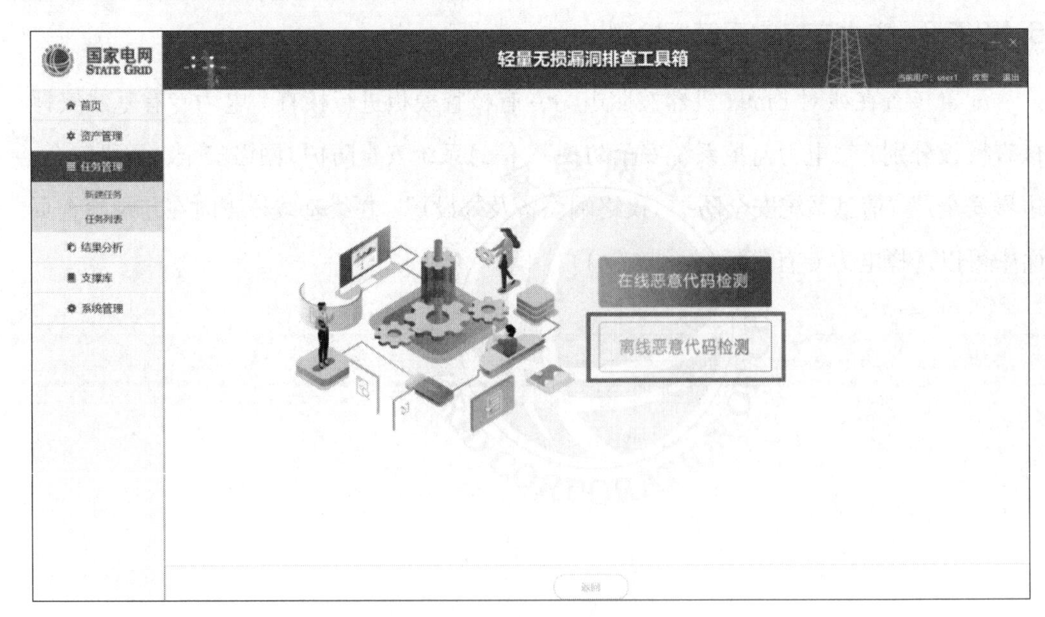

图 5-62　离线 Windows 扫描

对 Windows 扫描，输入 win10 靶机的 IP 地址，修改任务名称，点击“开始任务”（见图 5-63）。

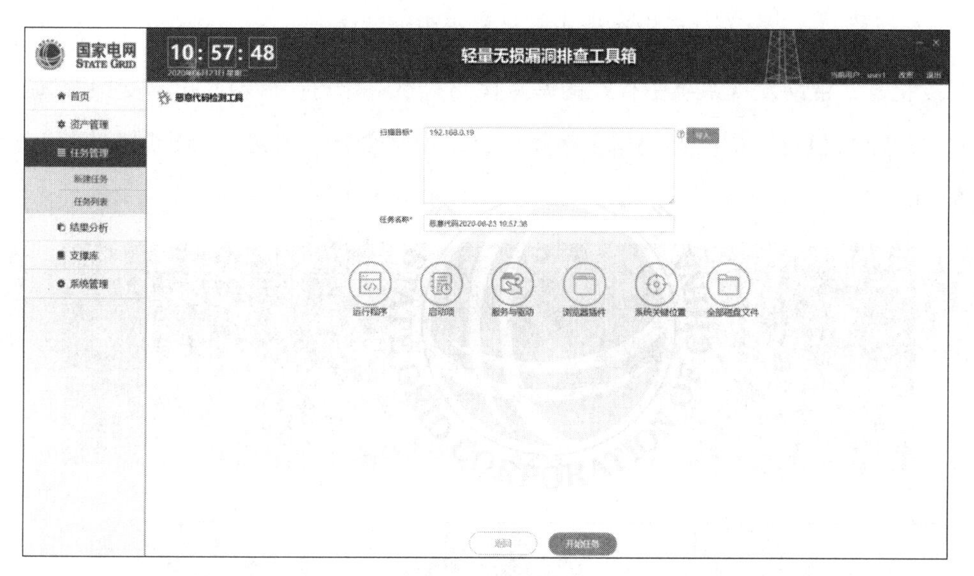

图 5-63　任务配置

在 Windows10 靶机上插入病毒木马检测工具的 U 盘，点击 virusscan.exe 打开木马检测工具（见图 5-64）。

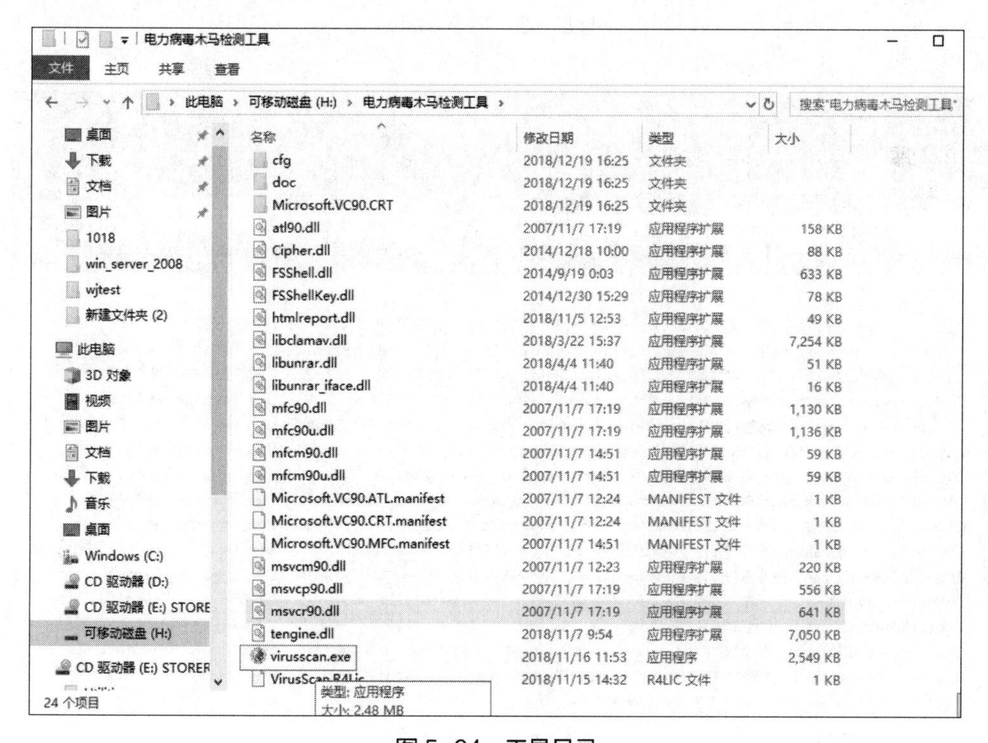

图 5-64　工具目录

在 Windows10 靶机中打开木马检测工具，扫描类型可以选择“快速扫描”“全盘扫描”“自定义扫描”。快速扫描支持快速扫描系统关键目录、快速扫描和发现关键目录中（例如 system32）存在的恶意代码程序；全盘扫描支持系统所有盘符下的文件进行全面深度检查，帮助发现系统中存在的恶意代码，不留死角；自定义扫描支持所选择的目录进行全面检查，帮助发现指定检查的目录中是否含有恶意代码程序（见图 5-65、图 5-66）。

图 5-65　扫描界面

恶意代码检查-自定义扫描

扫描完成，请进行下一步操作!

下一步

扫描目录数:33　扫描文件数:4034　感染文件数:336　用时 00:00:27

风险项	类型	状态
C:\Users\lenovo\Desktop\恶意样本库\Backdoor.Linux.Gafgyt\011e3cdae9410c9867236ff...	Unix.Trojan.Mirai-5607...	危险
C:\Users\lenovo\Desktop\恶意样本库\Backdoor.Linux.Gafgyt\00c492c1c63765830f659ed...	Unix.Trojan.Mirai-5607...	危险
C:\Users\lenovo\Desktop\恶意样本库\Backdoor.Linux.Gafgyt\01475444b70c9dbab157e2...	Unix.Trojan.Mirai-5607...	危险
C:\Users\lenovo\Desktop\恶意样本库\Backdoor.Linux.Gafgyt\02e16cce56d4564bea7554...	Unix.Trojan.Mirai-5607...	危险
C:\Users\lenovo\Desktop\恶意样本库\Backdoor.Linux.Gafgyt\064fafb78d64b79fb3895ff6...	Unix.Trojan.Mirai-5607...	危险
C:\Users\lenovo\Desktop\恶意样本库\Backdoor.Linux.Gafgyt\09669c7e220974c8bba562f...	Unix.Trojan.Mirai-5607...	危险
C:\Users\lenovo\Desktop\恶意样本库\Backdoor.Linux.Gafgyt\09c3c41958185b4553af6fd...	Unix.Trojan.Mirai-5607...	危险
C:\Users\lenovo\Desktop\恶意样本库\Backdoor.Linux.Gafgyt\0a2ee9307eec6d430bfb87...	Unix.Trojan.Mirai-5607...	危险
C:\Users\lenovo\Desktop\恶意样本库\Backdoor.Linux.Gafgyt\0f08aeb332ccca8bd7bfb49...	Unix.Trojan.Mirai-5607...	危险
C:\Users\lenovo\Desktop\恶意样本库\Backdoor.Linux.Gafgyt\11615a54948b6d8f0a8dcef...	Unix.Trojan.Mirai-5607...	危险
C:\Users\lenovo\Desktop\恶意样本库\Backdoor.Linux.Gafgyt\1172c7072b54d14c6bb243f...	Unix.Trojan.Mirai-5607...	危险
C:\Users\lenovo\Desktop\恶意样本库\Backdoor.Linux.Gafgyt\14697bacfb1622f7aa54fb8...	Unix.Trojan.Gafgyt-1	危险
C:\Users\lenovo\Desktop\恶意样本库\Backdoor.Linux.Gafgyt\147f20990d69b87c471f8fa...	Unix.Trojan.Mirai-5607...	危险
C:\Users\lenovo\Desktop\恶意样本库\Backdoor.Linux.Gafgyt\14b76250fc097bab2e46fc4f...	Unix.Trojan.Mirai-5607...	危险
C:\Users\lenovo\Desktop\恶意样本库\Backdoor.Linux.Gafgyt\15d96fab6804fb19992e57a...	Unix.Trojan.Mirai-5607...	危险
C:\Users\lenovo\Desktop\恶意样本库\Backdoor.Linux.Gafgyt\17e7204ff4291cfb760d686...	Unix.Trojan.Mirai-5607...	危险

图 5-66　扫描过程

扫描完成后选择“导出结果”“查看报告”。将导出结果导至 U 盘中存为 xml（见图 5-67）。

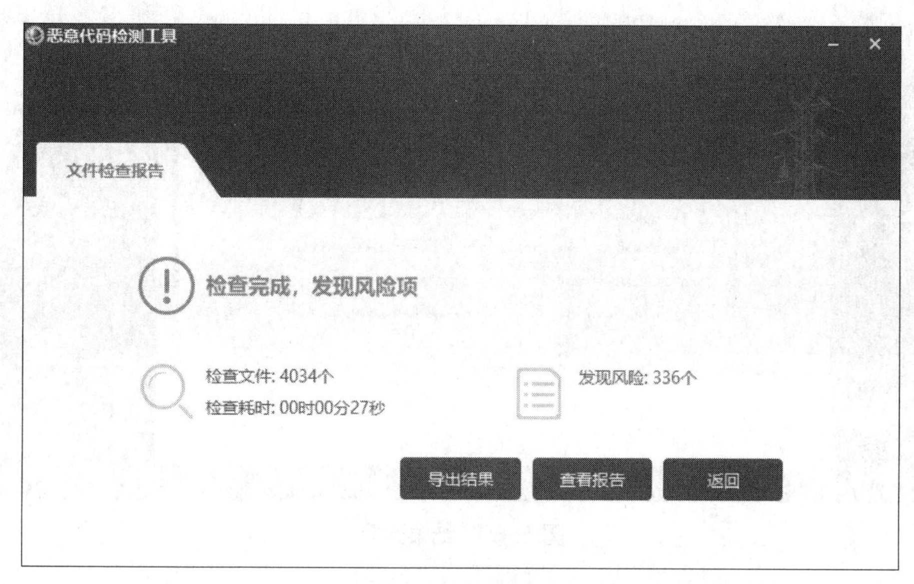

图 5-67　导出结果

在工具箱里离线 Windows 任务，点击详情，导入恶意代码检测工具扫描出来的监测 xml（见图 5-68）。

图 5-68　导入文件

在工具箱里离线 Windows 任务，点击详情，查看在线病毒扫描的结果（见图 5-69）。

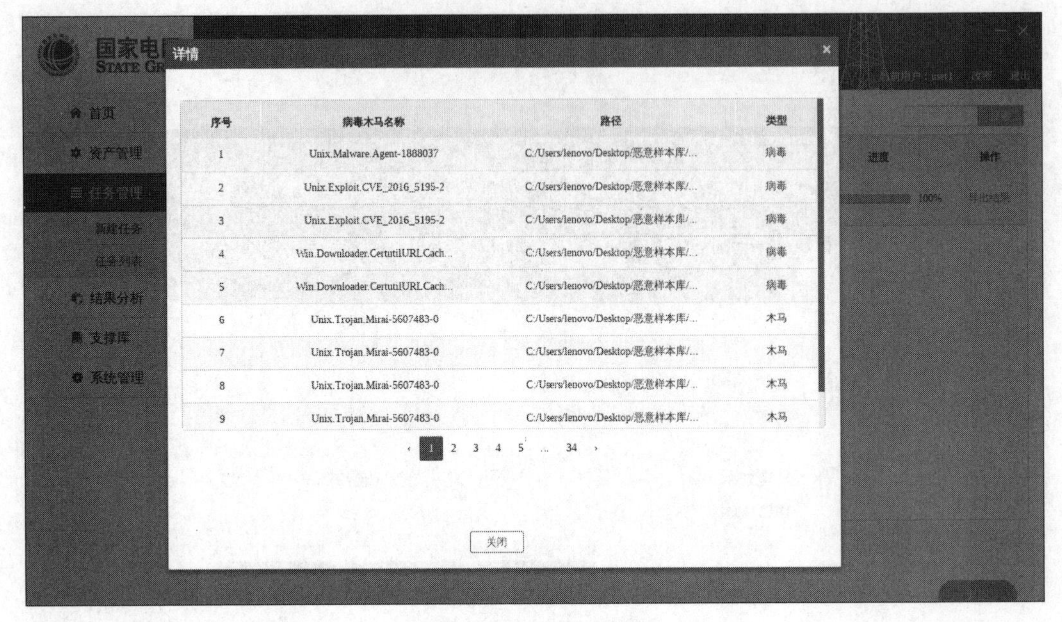

图 5-69　结果详情

5.4.3.6.2　在线 Linux 扫描

恶意代码在线 Linux 扫描时，选择“在线恶意代码检测”按钮，进入在线恶意代码检测，进入新建在线恶意代码任务界面，输入扫描对象 IP 地址，点击“插入登录信息”，在登录信息中出现扫描 IP 的信息（见图 5-70）。

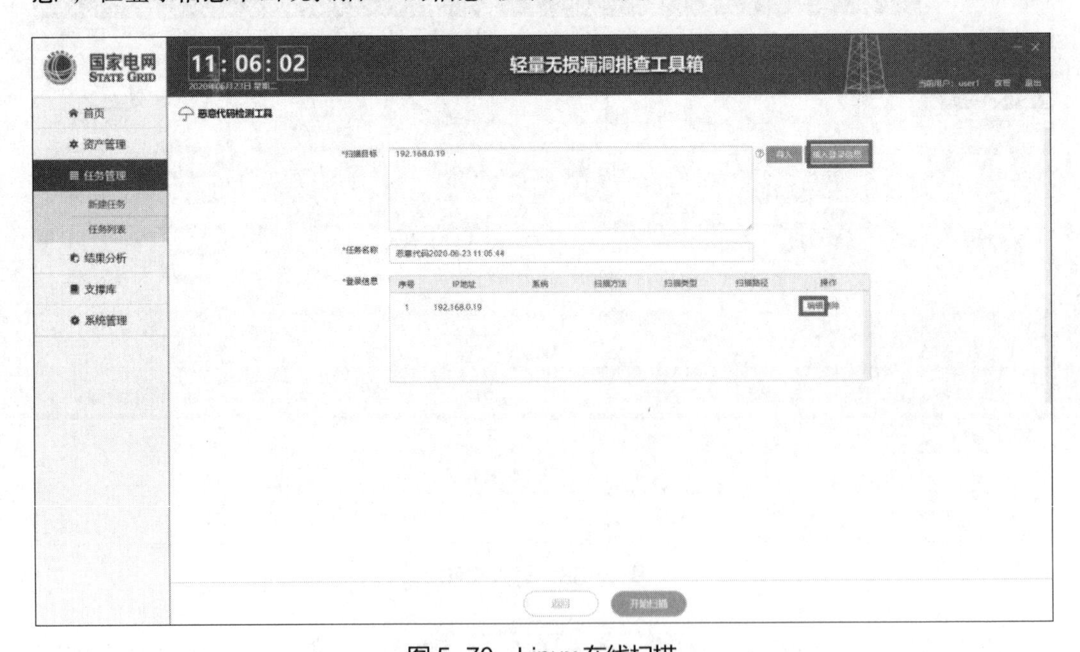

图 5-70　Linux 在线扫描

点击上图中登录信息的编辑按钮，填入登录端口 22，正确输入用户名和密码，扫描类型可以选择“快速扫描”“全盘扫描”“自定义扫描”(见图 5-71)。

快速扫描支持快速扫描系统关键目录、快速扫描和发现关键目录中 (如 system32) 存在的恶意代码程序；全盘扫描：支持系统所有的盘符下的文件进行全面深度检查，帮助发现系统中存在的恶意代码，不留死角；自定义扫描：支持所选择的目录进行全面的检查，帮助发现指定检查的目录中是否含有恶意代码程序。

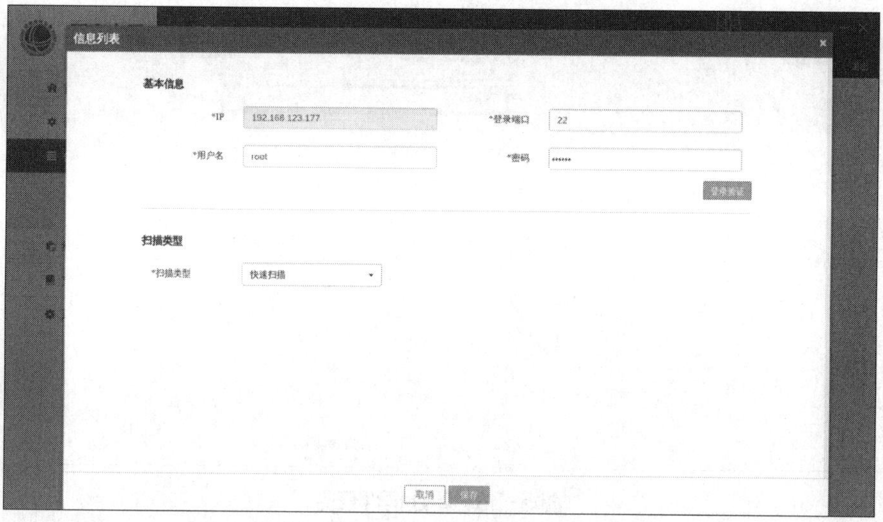
信息列表
基本信息
*IP
192.168.123.177
*登录端口
22
*用户名
root
*密码
扫描类型
*扫描类型
快速扫描
取消
保存

图 5-71　扫描配置

恶意代码扫描结束后，可以点击子任务中 IP 地址，查看这个 IP 扫描的详情 (见图 5-72)。

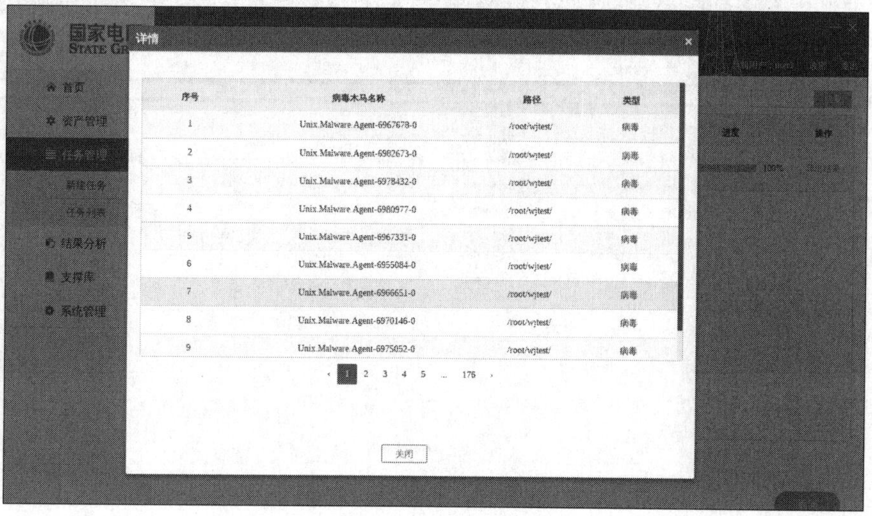
详情
首页
资产管理
任务管理
新建任务
结果分析
支撑库
系统管理
序号
病毒木马名称
路径
类型
1
Unix.Malware.Agent-6967678-0
/root/wjtest/
病毒
2
Unix.Malware.Agent-6982673-0
/root/wjtest/
病毒
3
Unix.Malware.Agent-6978432-0
/root/wjtest/
病毒
4
Unix.Malware.Agent-6980977-0
/root/wjtest/
病毒
5
Unix.Malware.Agent-6967331-0
/root/wjtest/
病毒
6
Unix.Malware.Agent-6955084-0
/root/wjtest/
病毒
7
Unix.Malware.Agent-6966651-0
/root/wjtest/
病毒
8
Unix.Malware.Agent-6970146-0
/root/wjtest/
病毒
9
Unix.Malware.Agent-6975052-0
/root/wjtest/
病毒
1 2 3 4 5 ... 176
关闭

图 5-72　扫描详情

5.4.3.7 插件在线扫描中间件

插件扫描 CentOS 操作系统上的中间件 WebLogic 进行扫描，在“新建任务”下“自定义扫描”中选择“专用插件工具”按钮，输入扫描目标机器的 IP 地址，选择全部插件方式，点击“开始扫描”(见图 5-73)。

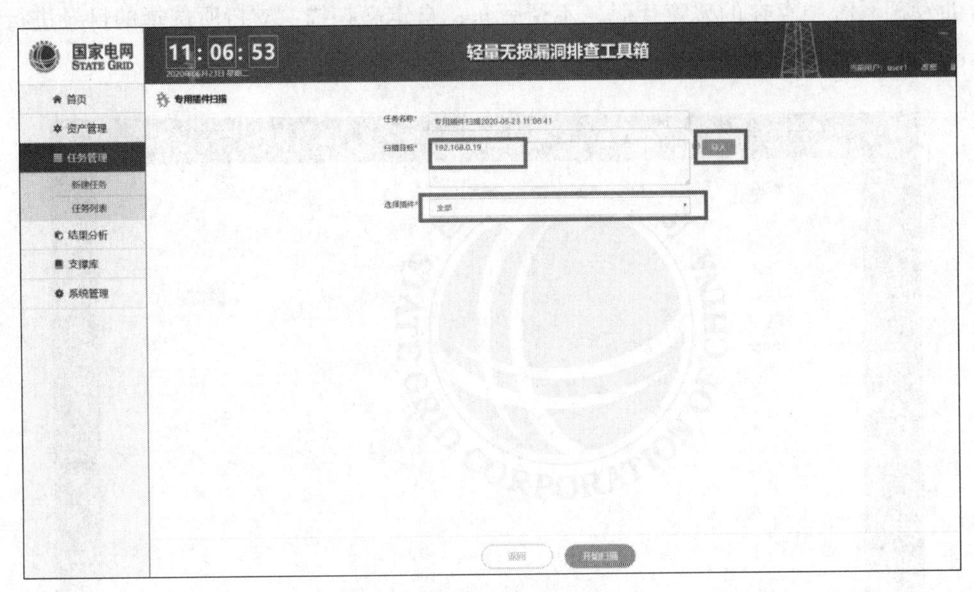

图 5-73 新建插件任务

扫描后在任务列表可以查看任务的进度、任务类型、操作员、任务开始和结束时间等(见图 5-74)。

国家电网 STATE GRID　11:07:54　轻量无损漏洞排查工具箱

首页　资产管理　任务管理　新建任务　任务列表　结果分析　支撑库　系统管理

序号	任务名称	任务类型	开始时间	结束时间	操作员	进度	操作
1	专用插件扫描2020-06-23 11:06:41	专用插件扫描	2020-06-23 11:07:31	-	user1	0%	详情 删除
2	恶意代码2020-06-23 10:57:36	恶意代码（离线）	2020-06-23 10:58:20	-	user1	0%	详情 删除
3	离线配置核查2020-06-23 10:39:31	配置核查（离线）	2020-06-23 10:52:44	-	user1	0%	详情 删除
4	恶意代码2020-06-22 18:31:14	恶意代码（在线）	2020-06-22 18:32:05	2020-06-22 18:35:53	user1	100%	详情 删除 报告
5	在线配置核查2020-06-22 18:26:57	配置核查（在线）	2020-06-22 18:31:01	2020-06-22 18:31:39	user1	100%	详情 删除 报告
6	漏洞扫描2020-06-22 18:26:27	系统漏扫	2020-06-22 18:26:45	2020-06-22 18:36:07	user1	100%	详情 删除 报告
7	恶意代码2020-06-16 15:08:13	恶意代码（在线）	2020-06-16 15:34:50	2020-06-16 15:38:52	user1	100%	详情 删除 报告
8	在线配置核查2020-06-16 15:07:22	配置核查（在线）	2020-06-16 15:08:06	2020-06-16 15:08:27	user1	100%	详情 删除 报告
9	一键扫描2020-06-16 15:07:10	一键无损扫描	2020-06-16 15:07:17	2020-06-16 15:10:58	user1	100%	详情 删除 报告

批量删除

图 5-74 插件任务列表页

点击插件任务操作栏的“详情”按钮，进入任务详情页，可以在线查看插件扫描的在线结果（见图 5–75）。

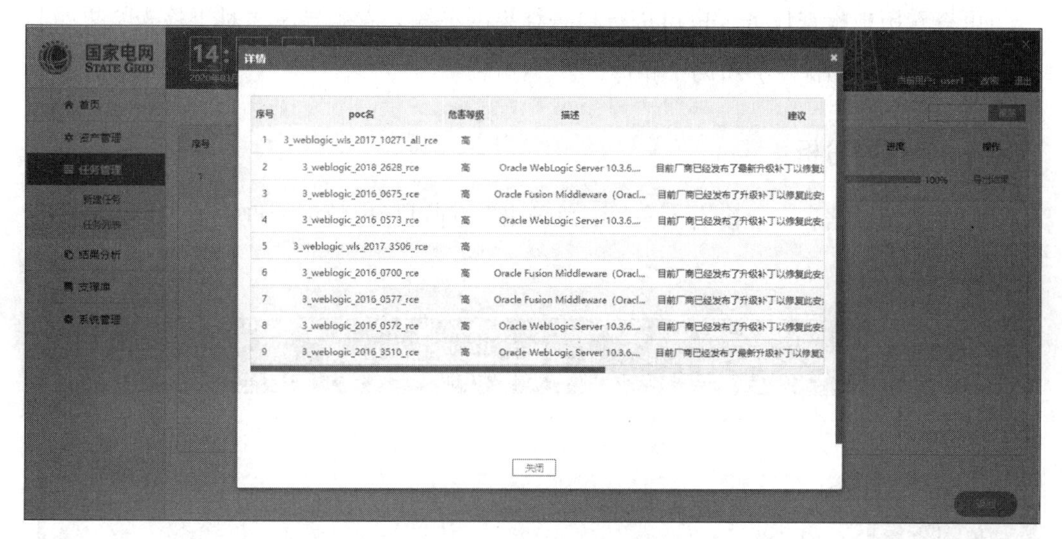

图 5–75　插件任务详情页

5.4.3.8　移动 APP 的扫描

移动 APP 插件扫描实现对电力移动应用 APP 应用权限与敏感 API、应用安全缺陷、应用安全编码漏洞和应用敏感信息的检测。新建任务，选择要扫描的目标 apk 文件，点击上传按钮（见图 5–76）。

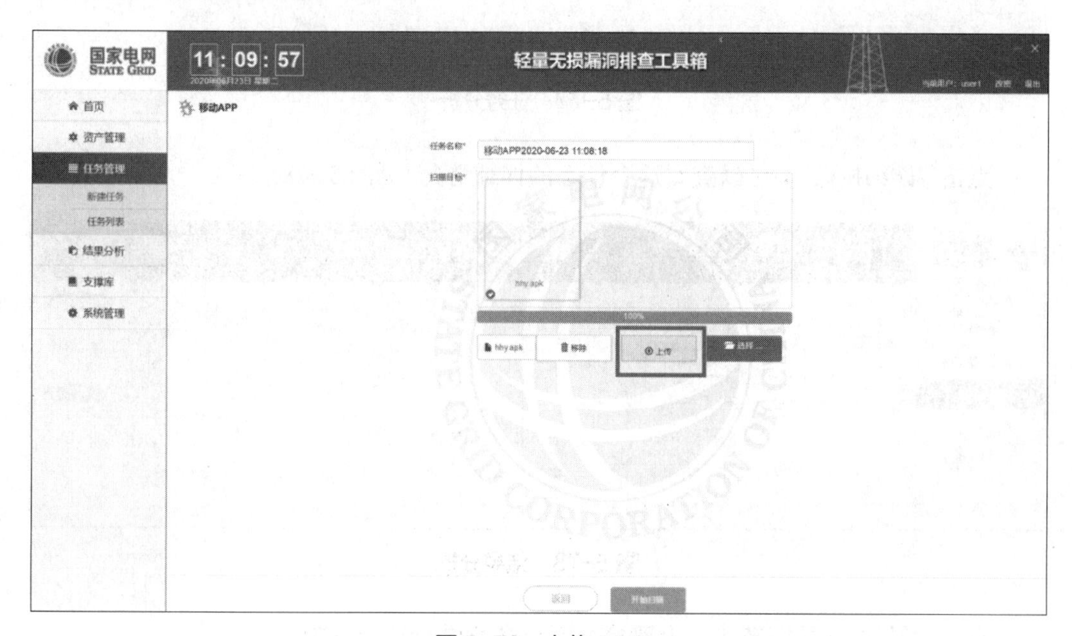

图 5–76　上传 APP

5.4.4 结果分析

可查看历史检查任务，也可进行检查结果的在线查看和导出，对于检查结果的分析提供任务分析和资产分析两个角度。

5.4.4.1 任务分析

选中某条数据后，点击右上角“汇总导出”，即可导出数据，点击报告可以查看报告（见图 5-77）。

图 5-77　任务分析

点击“详细按钮”，可以查看这个任务的详细情况（见图 5-78）。

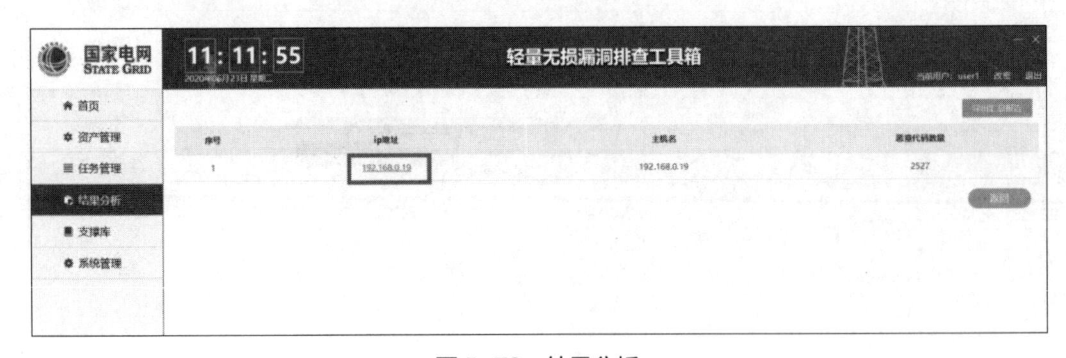

图 5-78　结果分析

点击记录中 IP 的超链接，出现检查不合格的项（见图 5-79）。

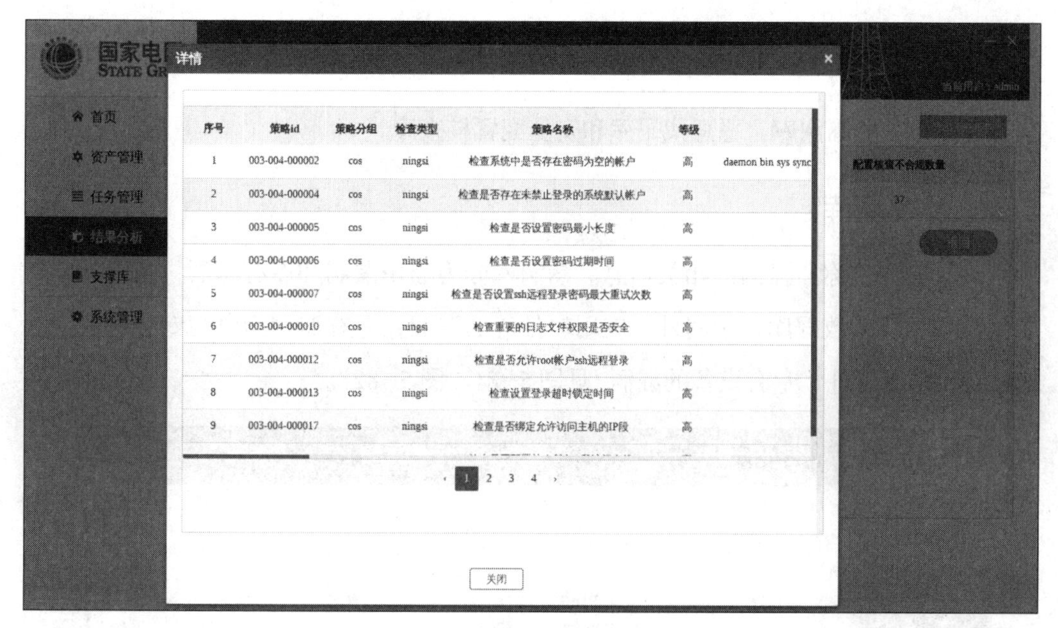

序号	策略id	策略分组	检查类型	策略名称	等级	
1	003-004-000002	cos	ningsi	检查系统中是否存在密码为空的帐户	高	daemon bin sys sync
2	003-004-000004	cos	ningsi	检查是否存在未禁止登录的系统默认帐户	高	
3	003-004-000005	cos	ningsi	检查是否设置密码最小长度	高	
4	003-004-000006	cos	ningsi	检查是否设置密码过期时间	高	
5	003-004-000007	cos	ningsi	检查是否设置ssh远程登录密码最大重试次数	高	
6	003-004-000010	cos	ningsi	检查重要的日志文件权限是否安全	高	
7	003-004-000012	cos	ningsi	检查是否允许root帐户ssh远程登录	高	
8	003-004-000013	cos	ningsi	检查设置登录超时锁定时间	高	
9	003-004-000017	cos	ningsi	检查是否绑定允许访问主机的IP段	高	

图 5-79　结果明细

5.4.4.2　资产分析

在结果分析的资产分析中展示当前所有资产列表里面的机器，即使没有执行过任务的机器也会显示在里面。同一个资产多次执行漏洞扫描，只显示最近一次执行的结果（见图 5-80）。

国家电网 STATE GRID

14:20:42
2020年06月03日 星期三

轻量无损漏洞排查工具箱

当前用户：user1　改密　退出

首页
资产管理
任务管理
结果分析
支撑库
系统管理

任务分析　资产分析

序号	IP地址	设备名称	设备类型	厂商名称	操作系统类型	单位	操作
1	192.168.0.40		防火墙		Fortinet FortiGate 100D firewall	联研院	导出报告
2	192.168.0.10	LINX	其他		Android 4.1.1	联研院	导出报告
3	192.168.0.11		防火墙		Fortinet FortiGate 100D firewall	联研院	导出报告
4	192.168.0.21	LINX	Linux主机		Linux 3.13	联研院	导出报告
5	192.168.0.33	DESKTOP-TIRQAVK	Windows主机		Windows 10	联研院	导出报告
6	192.168.0.41		Linux主机		Linux 3.13	联研院	导出报告
7	192.168.0.51		Linux主机		Linux 2.6.32	联研院	导出报告
8	192.168.0.61		Linux主机		Linux 3.2	联研院	导出报告
9	192.168.0.62		Windows主机		Windows 10	联研院	导出报告
10	192.168.0.74					联研院	导出报告

< 1 2 3 4其他5 ... 6 > 到 1 页

图 5-80　资产分析

5.4.5 支撑库

支撑库分为漏洞库、恶意代码库和安全配置核查库。

5.4.5.1 漏洞库

查看漏洞名称和漏洞的相关信息。漏洞库分为通用漏洞和专有漏洞，通用漏洞为常见操作系统、数据库、中间件、应用软件等的漏洞，专有漏洞为电力专有协议、专有设备、专有软件、专有设备的漏洞（见图5-81、图5-82）。

图5-81 漏洞库

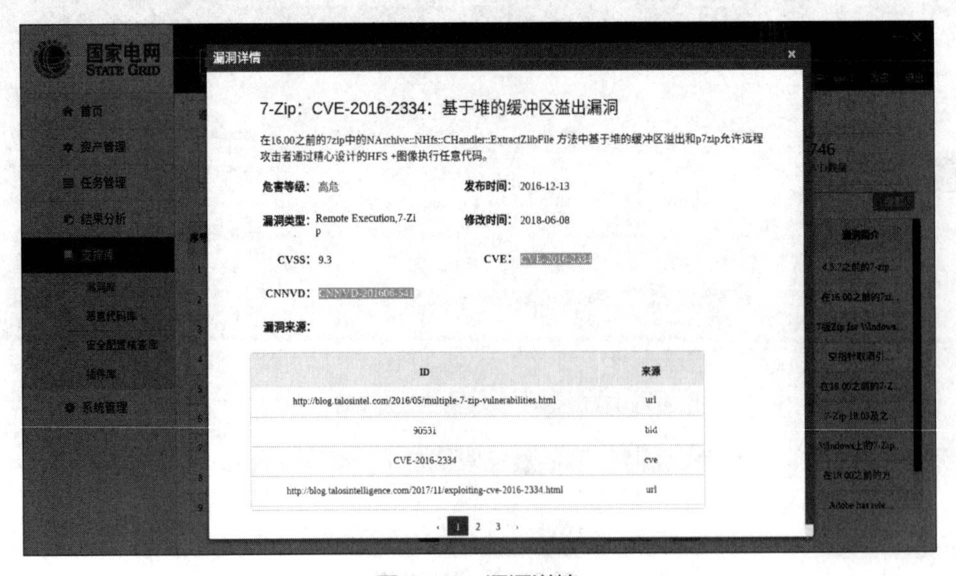

图5-82 漏洞详情

5.4.5.2　恶意代码库

展示恶意代码名称和长度，以及 md5 详细信息（见图 5-83）。

序号	名称	长度	md5	类型	级别	描述
1	Eicar-Test-Signature	68	44d88612fea8a8f36de82e1278abb02f	其他类型	严重	这个程序很危...
2	Swf.Exploit.CVE_2015_8060-1	1393	b74b9e0ea35beb2367990cf806fc0be2	其他类型	严重	这个程序很危...
3	Doc.Dropper.Agent-1383199	101815	9d33ba6b71a16b08d5a16dda2365667d	Dropper木马	高危	启动后会从体...
4	Swf.Exploit.CVE_2016_0962-1	771	e575da9869fdabe7b59e4cb0120d96fb	其他类型	严重	这个程序很危...
5	Swf.Exploit.CVE_2016_0989-1	938	b9822860533f61052724f2563d53e6dd	其他类型	严重	这个程序很危...
6	Swf.Exploit.CVE_2016_0963-1	883	cb65176c8c7caa9b903823720784a682	其他类型	严重	这个程序很危...
7	Rtf.Exploit.CVE_2016_0091-1	69831	89ab0f915c1c7522cbee287f878e59b6	其他类型	严重	这个程序很危...
8	Win.Exploit.CVE_2016_0134-1	201216	582cb436a5070f937c42b6569c07ed82	其他类型	严重	这个程序很危...
9	Html.Exploit.CVE_2015_2487-1	523	fbaed8936baa6abdbc6598ca7a6af583	其他类型	严重	这个程序很危...
10	Html.Exploit.CVE_2015_2487-2	443	4852a63c0b9f758e8e76e56ad0deb311	其他类型	严重	这个程序很危...

图 5-83　恶意代码库

5.4.5.3　安全配置核查库

提供添加策略、模板下载、导入策略、导出策略、一键启用、一键停用等功能。点击“启用 / 停用”按钮，可操作当前策略分组或单个策略（见图 5-84）。

序号	模板名称	所属分组	策略总数	未启用策略数	启用/停用	详细
1	Linux	centos	169	0	启用	详细
2	Linux	debian	133	0	启用	详细
3	Linux	fedora	59	0	启用	详细
4	Linux	feodra	74	0	启用	详细
5	Linux	opensuse	133	0	启用	详细
6	Linux	other	133	0	启用	详细
7	Linux	redhat	133	0	启用	详细
8	Linux	suse	133	0	启用	详细
9	Linux	ubuntu	104	0	启用	详细
10	UNIX	aix	62	0	启用	详细

图 5-84　配置核查库

5.4.5.3.1 添加策略

另外提供导入自定义检查策略的功能，可自定义添加策略名称、所属分组、检查项、检查点、权重等(见图 5-85)。

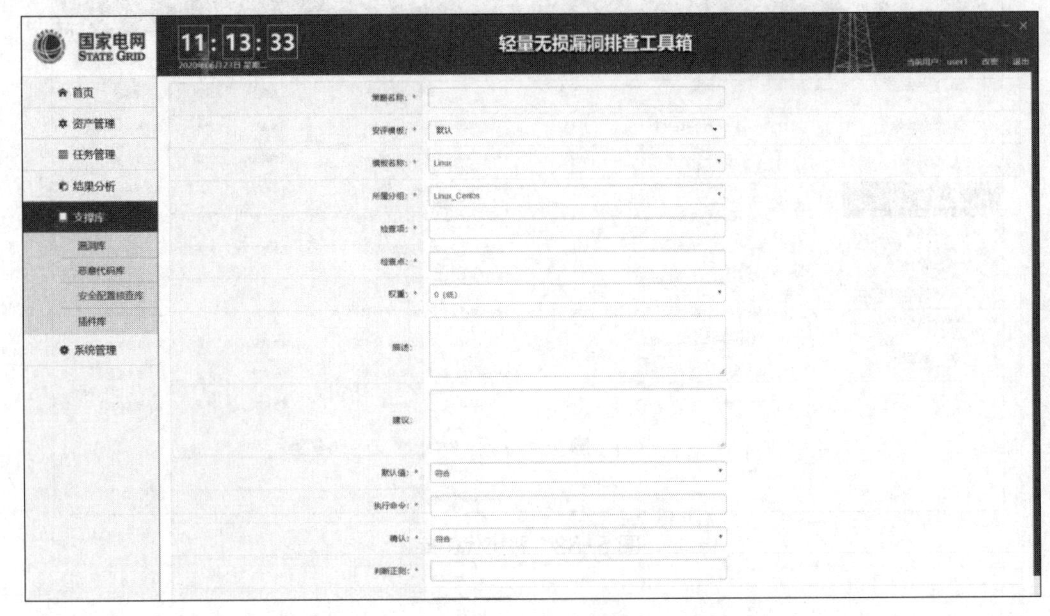

图 5-85 添加策略

5.4.5.3.2 模板下载

点击“模板下载”，可下载导入策略的 Excel 模板。

5.4.5.3.3 导入策略

可导入 Excel 格式的策略。

5.4.5.3.4 导出策略

可导出所有 Excel 格式的策略，对某个系统下安全配置核查策略导出，或对系统下所有模板的策略全部导出。

5.4.5.3.5 一键启用

点击后可启用所有策略。可对某个系统下所有安全配置核查策略一键启用，或对系统所有模板下安全核查策略一键启用。

5.4.5.3.6　一键停用

点击后可停用所有策略。可对某个系统下所有安全配置核查策略一键停用，或对系统所有模板下安全核查策略一键停用。

5.4.5.3.7　策略详情

点击“详细”，可进入当前分组的所有策略（见图 5-86）。

国家电网 STATE GRID　11:14:04　轻量无损漏洞排查工具箱

策略项合计：3752条

序号	模板名称	所属分组	策略总数	未启用策略数	启用/停用	详细
1	Linux	centos	169	0	启用	详细
2	Linux	debian	133	0	启用	详细
3	Linux	fedora	59	0	启用	详细
4	Linux	feodra	74	0	启用	详细
5	Linux	opensuse	133	0	启用	详细
6	Linux	other	133	0	启用	详细
7	Linux	redhat	133	0	启用	详细
8	Linux	suse	133	0	启用	详细
9	Linux	ubuntu	104	0	启用	详细
10	UNIX	aix	62	0	启用	详细

图 5-86　策略列表

再点击“详细”，可进入该条数据的详细页面（见图 5-87）。

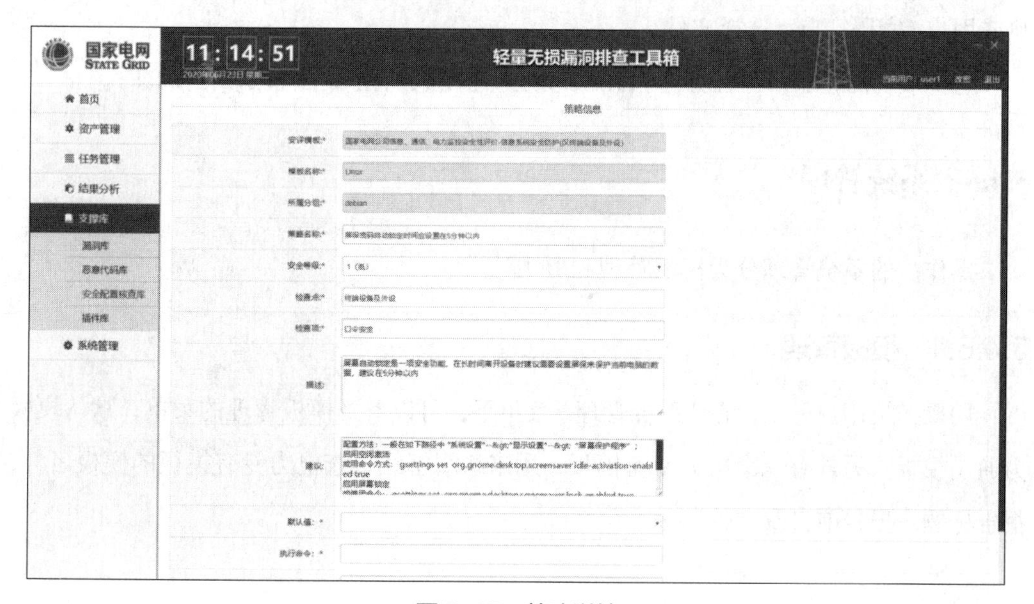

图 5-87　策略详情

5.4.5.4 插件库

支撑库中插件支持按插件名称 /CVE/CNNVD/ 描述 / 危害、类别、危险级别搜索（见图 5-88）。

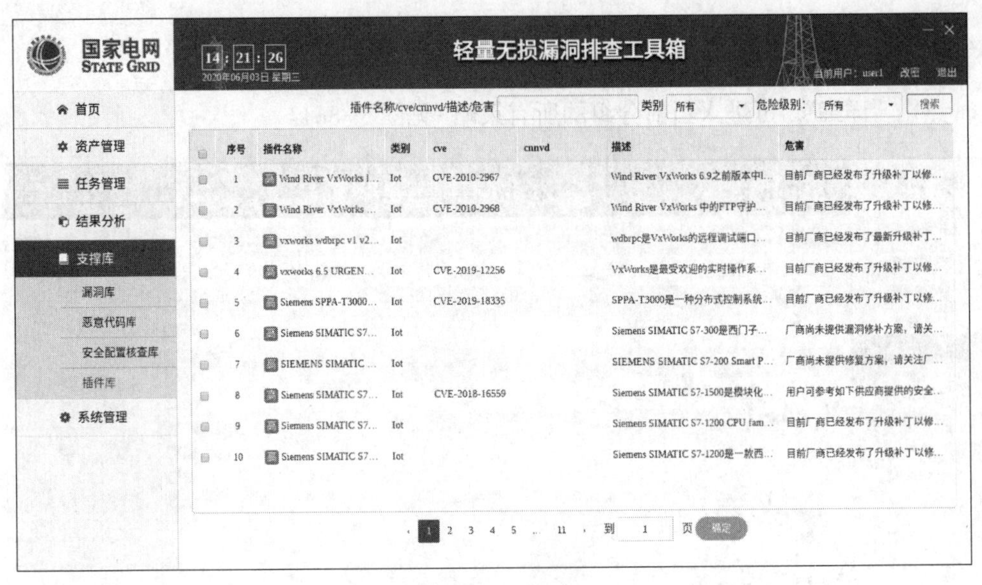

图 5-88 插件库

5.4.5.5 字典管理

支撑库中支持弱口令字典管理，点击“添加字典”按钮；选择文件类型：用户名字典或用户 / 密码字典；选择文件。

上传成功后，弱口令任务将会在默认弱口令字典的基础上使用已添加的字典。

5.4.6 系统管理

操作员的系统管理分为模板管理和 IP 配置。

5.4.6.1 模板管理

用操作员用户登录，在“系统管理”菜单下，可以看到模板管理的菜单，默认模板为通用模板。另外有三个电力专有模板，用来编辑基线核查电力专有模板的模板名称、报告标题、报告前言及文件名称。

5.4.6.2　IP配置

参见“5.2.4　初始化配置”。

5.5　审计管理员手册

5.5.1　用户管理

用户管理包括对审计管理员和审计员的用户的新增、修改、注销、激活、绑定U key、恢复密码、改密等。审计管理员是出厂时系统内置的，可以完成以上操作。用户管理的方法参照5.3.1节原理和使用方法相同。

5.5.2　角色管理

用内置审计管理员用户登录，在“角色管理”菜单下，可以对系统管理员的角色或操作员角色进行新建、修改、删除。角色管理的方法参照5.3.2节原理和使用方法相同。

5.6　审计员手册

5.6.1　日志管理

审计员登录后显示工具箱各个用户操作记录及工具箱进程监控的记录、日志存储管理、重要级别的日志进行告警提示。日志可以按结果、级别、事件类型、时间等多维度查询。

5.6.2　日志查询

审计员可以按描述、用户名模糊查询，按日志结果、日志级别、事件类型、时间开始结束时间进行搜索。日志级别分为紧急、严重、一般，日志结果为成功和失败，事件类型为用户管理、系统管理、资产管理、任务管理等事件。

5.6.3 日志删除

审计员可以对某个时间段的日志进行先备份，然后批量删除某个时间段的日志。在删除之前，系统会提醒审计员进行审计日志的备份。点击批量删除日志后，界面弹出二次鉴权窗口，鉴权通过后，选择要删除的日志区间，进行批量删除。

5.6.4 日志导出

日志中点击“导出”，可以选择 xls 或 csv 格式；二次鉴权通过后，即可导出日志表格文件。

5.6.5 修改密码

审计员可以修改自己的密码，需要输入旧密码、新密码，并确认密码。